营养师妈妈的辅食添加日志

（日）上田玲子　主　　编
（日）上田淳子　菜品制作
王焕　译

化学工业出版社
·北京·

宝宝辅食在什么年龄添加？

宝宝吃什么更能促进成长？

宝宝如何进食才是正确的？

面对一大堆的疑问与不安，本书会仔细解说。针对孩子辅食期间的不同阶段，定制更适合的食谱，从辅食制作的基本知识，到婴幼儿一天辅食食谱范例；从省时省力制作辅食的诀窍，再到遇到食物过敏时的应对措施和食谱。作为"育儿合伙人"，日本小儿营养权威专家都帮您搞定！

第一次做辅食就轻松上手！

原 书 名：この1冊であんしん　はじめての離乳食事典
主编者名：上田玲子

KONO 1SATSU DE ANSHIN HAJIMETE NO RINYUSHOKU JITEN supervised by Reiko Ueda
Copyright © 2015 Asahi Shimbun Publications Inc.
All rights reserved.
Original Japanese edition published by Asahi Shimbun Publications Inc.

This Simplified Chinese language edition is published by arrangement with Asahi Shimbun Publications Inc., Tokyo in care of Tuttle-Mori Agency, Inc., Tokyo through Beijing Kareka Consultation Center, Beijing.

本书中文简体字版由 Asahi Shimbun Publications Inc. 授权化学工业出版社独家出版发行。未经许可，不得以任何方式复制或抄袭本书的任何部分，违者必究。

北京市版权局著作权合同登记号：01-2017-5904

图书在版编目（CIP）数据

营养师妈妈的辅食添加日志/（日）上田玲子主编；
王焕译．—北京：化学工业出版社，2018.5
　ISBN 978-7-122-31836-7

　Ⅰ．①营…　Ⅱ．①上…②王…　Ⅲ．①婴幼儿-
食谱　Ⅳ．①TS972.162

　中国版本图书馆CIP数据核字（2018）第058434号

责任编辑：马冰初　　　　　　　　　　文字编辑：李锦侠
责任校对：王　静　　　　　　　　　　装帧设计：尹琳琳

出版发行：化学工业出版社（北京市东城区青年湖南街13号　邮政编码100011）
印　　装：北京东方宝隆印刷有限公司
787mm×1092mm　1/16　印张12　彩插1　字数264千字　2019年1月北京第1版第1次印刷

购书咨询：010-64518888　　　　　　　　售后服务：010-64518899
网　　址：http://www.cip.com.cn
凡购买本书，如有缺损质量问题，本社销售中心负责调换。

定　　价：68.00元　　　　　　　　　　　　　　版权所有　违者必究

目录

Part 2 现在让我们开始制作辅食吧

Part3 省时省力制作辅食的锦囊妙计

Part4 消除辅食的不安和烦恼

本书的使用方法与规则

本书是为了防止初次做辅食的家长们会不知所措而编著的，因此语言通俗易懂。宝宝的发育和成长水平因人而异，所以辅食添加、食量、软硬程度等都要具体问题具体分析。

营养标记的方法

菜品中含有的主要营养元素，会使用不同颜色的符号标记。

能量

促进肌肉、神经、大脑等身体系统的活动。

维生素、矿物质

提高身体免疫力，改善身体状况。

蛋白质

构造人体血液、肌肉、皮肤。

能量来源 维生素、矿物质来源 蛋白质来源

一句话点评

推荐的烹饪方法和技巧，或是关于味道、营养的建议会写在这里。

婴儿的消化系统和吸收能力尚未发育完全，为了便于吸收，请先将纳豆加热。

7
个月 +

小油菜纳豆碎粥

材料
小油菜……15g
纳豆碎……12g
五倍粥（P36）
…… 3大茶匙（50g）

制作方法
❶ 将小油菜过水煮烂，切碎。
❷ 将纳豆碎加入五倍粥中搅拌均匀后立刻上火煮，盛入碗中，加入步骤❶[1] 中的小油菜，一边拌匀一边喂给婴儿。

计量羹匙的计量方法

1大茶匙、1小茶匙

粉状食材和茶匙的把手持平，液体要放满至即将流出来的程度。

1/2大茶匙、1/2小茶匙

液体要放至茶匙2/3深的程度。计量粉状食材的时候，先装满1大茶匙（小茶匙），在茶匙的一半处画线，将多出的部分倒出。

烧杯的计量方法

将烧杯放置于水平台面上，从侧面平视进行读数。

---

❶ 指该步骤中的食材，全书同。

可以喂食的阶段

使用不同的食材，可以喂食的阶段
也会发生变化，建议当作参考。

烹饪时间的表示

表示烹饪这道菜品大概所需的时间。

制作时间
10分钟

关于食材·制作方法

· 食谱基本上都是婴儿一人的量，也有少部分
  是方便制作的量。

· 担心食物过敏或被诊断为食物过敏时，
  请不要自己判断，一定要严格遵守医生
  的指示。

· 1杯为200ml，1大茶匙为15ml，1小茶匙为
  5ml。

· 书中食材的重量是去皮、去核后，1次进食
  的实际重量。

· 微波炉标记的加热时间是以600W为准的。
  500W为标记时间的1.5倍，700W为标记时间
  的0.8倍。但微波炉机型不同，也可能会导

致加热时间不同，请视情况具体调整。

· 烤箱的加热时间会因为机型不同而有所区
  别，请视情况具体调整。

· 水的用量根据火的强弱、锅的大小而定，
  请视情况具体调整。

· 食材处理记录不详的地方，请事先进行剥
  皮、去核、去芽、去筋等初步处理。

· 乌冬面、意大利面、空心粉等超市售卖品，
  生产厂家不同，烹饪方法和所需时间也有
  所不同，请依照食品说明进行操作。

· BF为婴儿食品（baby food）的简称。

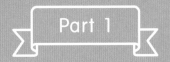

Part 1

辅食的基本知识

辅食到底是什么？应该给宝宝添加什么辅食呢？
初次做辅食，一定会有各种各样的疑问和不安。
这里，将详细地为做辅食的妈妈们讲解辅食的基
本知识。

为什么辅食很重要

辅食可以培养宝宝的饮食能力，促进发育，为今后的丰富饮食打好基础

添加辅食的目的是让依靠母乳来获取营养的婴儿，可以像成年人一样，逐步从母乳以外的食物中获取营养。先从和液体相近的食物开始，慢慢变为固体食物，来让婴儿进行咀嚼锻炼。

在此之前仅食用液体食物的婴儿，口舌的活动能力尚未发育成熟，不要说咀嚼食物，就连吞咽也不能好好完成。另外，婴儿的消化系统也没有发育成熟，无法充分分解和消化吸收食物，因此一定要配合这一时期的发育水平来选择食材，食物的软硬程度一定要易于消化。根据婴儿的发育水平，将出生后6个月到1岁半这一时期分为四个阶段，辅食的添加要根据婴儿的不同阶段区别对待。

辅食除了能帮助婴儿从母乳以外的食物中获取营养，还有许多其他作用。将不同的食物放入口中的这一体验，可以让味觉世界变得丰富，提高咀嚼能力。此外，手、叉子等工具（食具）的使用，可以促进身体功能的发育，激发好奇心，培养吃饭意识。由此可见，婴儿可以通过食用辅食，培养自立能力、生存能力。

辅食的作用

1 学会咀嚼、吞咽

"吃"这个动作实际上非常复杂。首先，要用嘴、下颌、舌头将食物放入口中。然后，要用牙齿来嚼碎食物，直到食物的大小可以吞咽下去，再用唾液将食物黏合成一个固体，吞咽下去，送入食道。"嚼""黏合""吞咽"等功能尚未发育成熟的婴儿，可以依靠进食辅食反复练习这一系列复杂的动作，促进"咀嚼"功能的发育。

2 味觉的培养

酸、甜、苦、辣、咸是最基本的五种味道，感知五味是人与生俱来的能力，但让味觉的世界变得丰富便是辅食的功劳。味觉不光能够帮助人区分维持生命所必需的味道，以及危险的味道，还和饮食的乐趣紧密相关。在这一阶段，要通过让婴儿体验各种各样的味道，来培养他们的味觉。

进食方法的变化

母乳、配方奶期

（出生至6个月以内）

营养 = 母乳、配方奶
用力吮吸的能力增长

婴儿用力地吮吸乳头，吞咽含在口中的食物这一能力在胎儿阶段就开始形成了。出生后，通过喝母乳、配方奶，吮吸能力又进一步增强。

3 供给所需能量和营养物质

出生满6个月的婴儿，仅靠妈妈的乳汁将无法满足营养需求，母乳里所含的蛋白质、矿物质（钙、铁等）也在逐渐减少。为了补充所需能量和营养物质来满足婴儿健康成长的需求，辅食的添加十分必要。

4 构建饮食习惯的基础

辅食应配合唇、齿、舌活动能力的提高以及消化吸收系统的发育，来增添食材的种类，喂食次数也应从1天1次开始逐渐增加。最后，婴儿就可以和成人一样，1日3餐，并吃1~2次加餐。总而言之，食用辅食，可以帮助婴儿培养规律的生活节奏，为养成良好的饮食习惯打好基础。

5 培养好奇心

婴儿出生6个月左右以后，会出现类似吃东西的行为，这时就可以开始添加辅食了。之后，婴儿会慢慢开始用手将食物送入口中，或者拿起餐具来吃东西，这证明婴儿已经有了"想要自己吃饭"的意识，让我们通过丰富的辅食食用经验，来培养婴儿的自立能力、积极性及好奇心吧！

辅食期	幼儿饮食期
（6个月至1岁半）	**1岁半以后**

 **一点一点准备告别母乳**

6个月左右是婴儿的"吞咽期"，此时婴儿依然以食用母乳或配方奶为主，但可以从1天1次开始逐步练习食用辅食。7~8个月是"蠕嚼期"，通过舌头上下运动，可以吞咽非常软的食物。

 舌头的动作丰富，从饮食中获取营养

通过舌头上下左右运动，婴儿自主进食的意识在增强，从饮食中获取的营养物质比例也在增加，从1岁左右起，婴儿所需的营养物质几乎都从饮食中得来。在培养1日3餐的规律生活节奏的同时，在1岁半左右结束辅食期。

1岁半起开始幼儿饮食

幼儿长出第一乳磨牙（p180）便开始了真正意义上的咀嚼运动。虽然已经可以食用稍微硬一些的食物，但和学龄期相比尚未发育成熟，应当让幼儿食用幼儿食品。

3

想要维持健康、增强体质、苗壮成长，离不开各种各样的营养物质。在这里，就让我们来了解一下营养均衡的饮食观念。

身体高速发育期、婴儿需要大量营养物质

从出生到 1 岁，婴儿的体重会增加 3 倍，这个阶段的婴儿处在发育高峰期，身体虽小，却需要大量营养物质。婴儿无法自己选择食物，为了给婴儿营养均衡、充分的饮食，在辅食开始阶段，应当掌握一些基本知识。

6 个月左右，是让婴儿习惯 1 天 1 次辅食的阶段，7～8 个月是 1 天 2 次，9 个月之后为 1 天 3 次，辅食的给予要注重饮食的营养均衡。只要掌握了要点，不管 1 天几顿辅食，都可以调整好。把握要点，轻松快乐地添加辅食吧！

了解食材所含营养及特征，合理搭配

均衡的饮食，可以保证婴儿的成长。达成"食育"这一理念，大家可能会觉得很难，但基本理念是很简单的。首先，食谱由主菜和副菜两部分构成，另外，第 5 页的三大食品集合中，每类选择一种以上进行搭配。主食提供维系人体活动的能量，主菜、副菜提供调整身体状态的维生素、矿物质和构成血液、肌肉的蛋白质，将其搭配起来，营养均衡的食谱就完成了。不过，也不必每一餐都严格参考，比如，如果这一餐中维生素和矿物质含量较少，那么下一餐或第二天的饮食中，食谱中多一些蔬菜来补充不足的营养物质，也是没问题的。

容易摄取不足的营养物质和容易摄取过量的营养物质

婴幼儿的身体和大脑发育都很旺盛。尤其是大脑，发育的能量来源只有一个，那就是含有碳水化合物的食材。另外，婴幼儿不仅容易缺少铁，还容易缺少维生素 D，因此要有意识地让婴幼儿多食用鲑鱼、鲹鱼等鱼类，铁含量丰富的深颜色蔬菜、红肉鱼、小油菜、黄豆等食材。相反，由于婴幼儿消化吸收系统尚未发育完全，切记蛋白质和油脂的给予不能过多，要适量。

成长所需的三大食品集合

添加辅食 1 个月后，就要开始从三大食品集合中每类选取一种以上，组成完整食谱。

力量和体温的来源
能量来源

米饭 面包 面食 香蕉
土豆 等

加热食材是基本原则
内脏功能尚未发育成熟的婴儿，抵抗细菌的能力也较弱，因此所有的食材都需要经过加热、杀菌后才能给婴儿食用，这是基本原则。在婴儿进入"蠕嚼期"之前（第一次喂食要慎重），水果也应该加热后再进行喂食。

米饭、面包等碳水化合物中含有丰富的糖分，食用后可在体内分解为葡萄糖，成为维持肌肉、神经、大脑活动的能量来源。能量来源中还包含油脂。

改善身体状态
维生素、矿物质来源

蔬菜 水果 菌类 等

蔬菜、水果、海藻等是富含维生素、矿物质的食品，含有大量可以改善人体状态、促进身体活动的重要营养物质。

构成血液和肌肉的物质
蛋白质来源

肉 鱼 豆腐 蛋
乳制品 等

牛奶

这些是富含蛋白质的食物，血液、肌肉、皮肤、内脏等都需要蛋白质来构成。蛋白质分为豆腐等食品中含有的植物性蛋白质以及鱼、肉、蛋等食品中含有的动物性蛋白质。

蔬菜的加热也是基本原则，但它含有的水溶性维生素或不耐热的维生素种类，在用水洗过或加热之后就很容易流失。从这一点来看，可以生食的水果更方便。但是，各种各样的蔬菜以及菌类中含有的脂溶性维生素（维生素A、维生素D、维生素E、维生素K）和油脂一起食用更利于吸收，对于矿物质而言，蔬菜加热后，其养分摄取量更大。我们可以在一次进餐中，选择"蔬菜+水果"这样的搭配，来保证维生素、矿物质的供给。

喂奶与添加辅食的平衡

与母乳、配方奶的良好搭配方法

母乳是婴儿成长最大的补给和最佳的营养来源，但是它的实质是在慢慢变化的。下面就让我们来了解一下。

添加辅食从开始到结束的营养均衡示意图

6 个月左右

吞咽期

1 次辅食

告别母乳的准备阶段

辅食 10%　　母乳、配方奶 90%

- 这一时期的营养，几乎都来自于母乳或配方奶。
- 将其中一次喂奶转变为喂食辅食。

1 天 1 次的辅食喂食时间，从 1 茶匙糊状的米粥（p10）开始，逐渐让婴儿适应。

6 ~ 7 个月

吞咽期

2 次辅食

添加辅食 1 个月左右后，可以开始 1 日 2 次

※ 如果婴儿过了 6 个月才开始添加辅食，那么此阶段 1 天只能添加 1 次辅食

辅食 20%　　母乳、配方奶 80%

- 再将另一次喂奶转变为喂食辅食。
- 辅食喂食过后，如果婴儿想要吃母乳或配方奶，是可以喂食的。

辅食添加的次数增加为两次。蔬菜、豆腐、白肉鱼等除米饭以外的食材可以逐步增加。

仅靠母乳无法满足的营养补给也是辅食的作用

对于刚出生的婴儿来说，母乳提供了必需的营养成分，同时也最容易消化和吸收。此外，在妈妈的怀里，身心都可以放松，这样的进食氛围是最理想的。但是，母乳的成分随着婴儿出生天数的增加而逐渐发生变化。对于发育高峰期的婴儿来说，仅靠母乳来获取营养是不够的，因此，辅食的作用就变得尤为重要。

婴儿出生 6 个月后，母乳中的铁含量、蛋白质含量减半

在婴儿出生 6 个月之后，母乳中所含的蛋白质、矿物质如铁等会减少近一半。由于铁不足会对婴儿大脑功能造成影响，因此必须格外注

7～8个月

蠕嚼期
2 次辅食

开始锻炼用舌头
弄碎食物的阶段

辅食　　　　母乳、配方奶
30%~40%　　60%~70%

●除了将 2 次喂奶时间改为喂食辅食以外，喂奶次数每天上午、下午、睡前一共 4～6 次。

辅食添加分为上午、下午，1 天 2 次。肉、鱼、蛋、乳制品等可以逐渐增加，作为辅食给婴儿食用。

9～11个月

细嚼期
3 次辅食

营养迅速增加的时期

辅食　　　　母乳、配方奶
60%~70%　　30%~40%

●辅食的量增加。

辅食 1 日 3 次以补充营养为主。

1～1岁半

咀嚼期
3 次辅食 + 加餐
（1～2 次）

营养来自食物，
养成 1 日 3 餐

辅食 75%　　母乳、配方奶 25%

●配方奶、牛奶的量约为 1 天 500ml。

辅食为 1 天 3 次 + 加餐。这一阶段，绝大部分食材都可以让宝宝尝试，食谱也丰富起来。

意。从 6 个月开始，婴儿逐渐可以很好地接受辅食，同时补充母乳无法满足的营养需求变得十分重要。

● 母乳中所含营养成分的变化

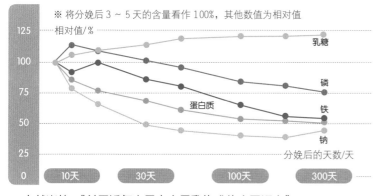

※ 文献出处：《关于近年来日本人母乳构成的全国调查》（井户田正等）

断奶需要一定时间，应配合孩子的节奏

虽然已开始添加辅食，但并不意味着马上就要停止喂奶。满 6 月龄后仍然可以从继续母乳喂养中获得能量和各种重要营养素，以及抗体、母体低聚糖等各种免疫保护因子。目前主流的建议是如果条件允许，可以维持母乳喂养到 2 岁或 2 岁以上。断奶时要配合孩子的节奏，做好准备，给孩子充分的适应过程。

第一步，先从糊状的10倍粥开始

终于要开始添加辅食了
一匙一匙（小茶匙1匙）地增加是原则

辅食应当从易于消化吸收而且不太需要担心过敏问题的米饭开始。首先，将按照米和水 1∶10 的比例煮好的糯糯的 10 倍粥再进一步捣碎。当婴儿习惯了粥以后，就可以逐渐增加同样糊状的蔬菜，再之后是豆腐（蛋白质来源）。

这一时期是让婴儿习惯吞咽食物的阶段，要将婴儿的状况作为第一参考标准，循序渐进地推进辅食的添加。

可以开始添加辅食的标志

- ☐ 月龄 6 个月左右
- ☐ 脖子竖得稳了，可以倚靠东西坐住
- ☐ 大人吃东西的时候，婴儿也想吃
- ☐ 身体和心情都处于良好状态
- ☐ 口水的量增多

 吞咽期的辅食添加时间范例

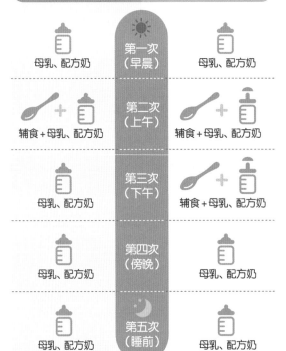

1次辅食	2次辅食
母乳、配方奶	**第一次（早晨）** 母乳、配方奶
辅食+母乳、配方奶	**第二次（上午）** 辅食+母乳、配方奶
母乳、配方奶	**第三次（下午）** 辅食+母乳、配方奶
母乳、配方奶	**第四次（傍晚）** 母乳、配方奶
母乳、配方奶	**第五次（睡前）** 母乳、配方奶

将其中一次喂奶变为喂辅食

最开始时，选择婴儿心情好的时候，在喂奶之前将辅食一匙一匙地喂给婴儿。不考虑时间、营养均衡也没关系。大约2周以后，只要喂给婴儿他想吃的东西就可以。在喂食后，当婴儿想要喝母乳、配方奶的时候，喂给他们即可。

习惯吞咽1个月后开始1天2次辅食

开始吃辅食后经过1个月，婴儿已经稍稍适应，这时可以进入到1天2次辅食的阶段。出生6个月开始吃辅食的，就从7个月开始1天2次添加辅食，以此类推，逐渐向蠕嚼期过渡。

发育的特点

舌头只能前后运动
能够完成闭嘴吞咽

　　5～6个月大的婴儿，舌头只能前后运动。从6个月大开始，将食物放进婴儿口中，婴儿可以通过闭嘴来获取食物，因此可以吞咽从嘴角流出的食物。

这一时期的注意事项

最开始给婴儿添加辅食后，依据所选食材，一定要注意观察食用后婴儿身体状况的变化

　　添加辅食的开始阶段，一定要格外注意过敏反应。第一次喂给婴儿的食材，应当是1茶匙左右的量，并留意观察婴儿食用后的状态，看是否有出疹子、腹泻等情况出现。

勺子使用方法的要点

1 抱着婴儿让其侧坐在妈妈的膝盖上，将勺子递向孩子的嘴边

　　抱着婴儿让其侧坐在妈妈膝盖上，可以让婴儿感到放松。将勺子的勺头一端在婴儿的下唇上轻轻敲打。

2 将勺子正对着婴儿的脸，然后向下移放在婴儿下嘴唇上

　　当婴儿张开嘴巴时，将勺子水平放在其下嘴唇上，婴儿会将上嘴唇合上来获取食物。

3 将婴儿用上嘴唇含住的勺子慢慢向水平方向抽出

　　婴儿闭上嘴巴，辅食进入口中之后，将勺子向水平方向抽出。

4 将从嘴里流出的食物迅速地再次喂进嘴里

　　婴儿会将辅食送进舌根处然后吞咽。妈妈要用勺子将从婴儿嘴角流下来的食物再次喂进口中，反复操作。

✖禁止　　切勿将食物强行喂入婴儿口中

　　将勺子插入婴儿上嘴唇和下颌之间，强行让食物流入婴儿口中，这是错误的。要让婴儿练习自己闭起嘴巴完成吞咽的动作。

吞咽期的辅食烹饪范例

处于吞咽期的婴儿，消化吸收系统尚未发育成熟，一定要选择容易消化的食材，并加工成软度适宜的程度。

	1次辅食	2次辅食
能量来源（以大米为例）	**充分搅拌后的糊状** 将10倍粥碾碎，使其中没有颗粒，达到糊状的程度。大致为勾芡后的浓汤状。 	**最理想的软度类似于不经搅拌直接舀出的酸奶** 将7倍粥碾碎后形成土豆泥一样的质感。如不经搅拌用勺子直接舀出的酸奶一般滑腻。 
维生素、矿物质来源（以胡萝卜为例）	**勾芡让食物变得滑嫩** 将食物煮至软嫩后，用擦板仔细地将食物擦碎，然后勾芡使其更加滑嫩。蔬菜和水果的比例约为2：1。 	**去除纤维后的黏稠状** 将食物煮至软嫩，磨碎，呈黏稠状，蔬菜和水果的比例约为3：1。
蛋白质来源（以白肉鱼为例）	**将食物纤维碾碎成糊状** 将食物煮好后，将纤维碾碎，做成汤一样的黏稠糊状。稍微勾一点芡，让食物更方便食用。 	**保留一些食物颗粒的浓汤状** 将食物煮好后不完全磨碎，制成保留一些食物颗粒的浓汤状，勾芡。如果是豆腐，要用水焯过后再弄碎。 

吞咽期（开始阶段）的食材增加方法

※1匙指的是小茶匙1匙（5ml）。喂食辅食用的勺子需4～5匙的量。

添加辅食的开始阶段，慢慢地一匙一匙地增加是基本原则。最开始是1匙10倍粥，第二天也是1匙，第三天可以给2匙，像这样逐渐增加是最基本的。

	1	2	3	4	5	6	7	8	9	10	11	12	13	14	15
能量来源（以大米为例）												增加到5～6匙			
维生素、矿物质来源（以胡萝卜为例）												一匙一匙地增加			
蛋白质来源（以白肉鱼为例）															

吞咽期推荐的辅食食材

以下全部为吞咽期可以给婴儿食用的食材。辅食的添加应从10倍粥、南瓜等口感软糯、方便烹饪的食材开始。

能量来源	维生素、矿物质来源	蛋白质来源	调味料、油
大米粥	大葱	鲷鱼	⚠ 无添加的海鲜汤
土豆	⚠ 大头菜	比目鱼	
白薯	⚠ 菜花	⚠ 小沙丁鱼干	调味料、油的使用方法参考 p144
⚠ 乌冬面	⚠ 苹果	⚠ 豆腐	
面包	⚠ 草莓	⚠ 豆奶	
⚠ 香蕉◎	⚠ 橘子	⚠ 黄豆	
	⚠ 胡萝卜		
	⚠ 菠菜		
	⚠ 南瓜		
	⚠ 西红柿		
	⚠ 西蓝花		
面粉制品（面包、乌冬面等）比大米制品容易引起过敏，因此可以在婴儿稍大些，已经添加了一段米粉、米糊和蔬菜后再引进辅食中。这类食品还包括在制作中使用了蛋、油脂、牛奶等食材的食物，都需要在本阶段的后期再作为辅食添加。		这一时期，可以给予的蛋白质的食材种类是很少的。只能是豆腐、白肉鱼等，肉、蛋、乳制品等还不能让婴儿食用。	
谷类中，从易消化、营养高、不容易导致过敏的大米粥开始是最好的。 画 "◎" 的食物按分类来看，应属于水果（维生素、矿物质来源）类，但由于其碳水化合物（糖分）含量较多，在辅食添加阶段可以作为能量来源。	南瓜纤维较少且口感绵软，味道甘甜柔和，很受宝宝喜爱。	从豆腐开始，逐渐添加白肉鱼。小沙丁鱼干盐分较多，因此须焯水以减少盐分。 注意：鳕鱼有可能会导致过敏，因此这一阶段还不可以给婴儿食用（进入咀嚼期后可以）。	这一时期，调味一般是没有必要的，要让婴儿品尝食材本身的味道。若要添加调味料，应从健康的调味料开始。

⚠ 表示该食材一点一点、少量给予是可以的。

蠕嚼期的辅食添加方法

开始添加辅食 1 ~ 2 个月后，可以使用的食材逐渐增加，食谱也更加丰富。

婴儿能够很好地完成吞咽动作之后便可以开始 1 天 2 次添加辅食

进行蠕嚼练习，用舌头和下颌来弄碎食物

7 ~ 8 个月的婴儿刚开始生长乳牙，进入蠕嚼期以后，开始使用嘴的前部来获取食物，用舌头和下颌来熟悉食物的软硬程度。这一阶段，可以使用的食材大量增加，因此应让婴儿品尝各种各样的味道，培养他们舌头触及食物时的感觉，这一点很重要。即使是同样的食材，我们也可以改变搭配，花心思去做各种各样的尝试。

蠕嚼期开始的标志

☐ 月龄满 7 个月

☐ 1 次辅食，婴儿可以食用 1/2 碗的量

☐ 吃糊状的辅食时，婴儿的嘴在吧唧吧唧地运动，可以很好地完成吞咽动作

☐ 除了粥以外，可以食用的食材在逐渐增加

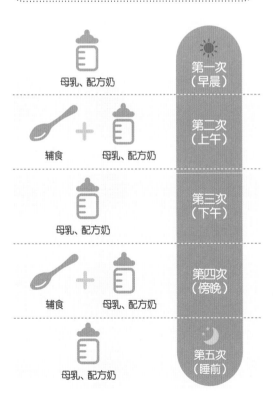

蠕嚼期的辅食添加时间范例

母乳、配方奶 —— 第一次（早晨）

辅食 + 母乳、配方奶 —— 第二次（上午）

母乳、配方奶 —— 第三次（下午）

辅食 + 母乳、配方奶 —— 第四次（傍晚）

母乳、配方奶 —— 第五次（睡前）

养成 1 天 2 次辅食的饮食习惯，餐后给予足够的母乳或婴儿配方奶

在至今为止 1 天 1 次的辅食添加基础上，再多增加 1 次辅食，达到 1 天 2 次。减少 1 次喂奶，变成喂食辅食是原则。在喂食辅食之后，婴儿如果想要喝母乳或配方奶，应当充分满足他的需求。

主要的营养物质为母乳、配方奶。婴儿不想吃饭的时候也不要着急

这一阶段，婴儿对进食以外的各种事情都充满兴趣，也会有明明心情很好却不想吃饭的时候。婴儿在这一时期食欲状况尚不稳定，因此不要勉强。可以看一下是不是食谱过于单调了，如果没有问题，就不要着急，耐心等待婴儿食欲的恢复。

发育的特点

舌头在前后运动的基础上还可以上
下运动

　　将固体食物放在舌头上，通过下颌
张合来进行蠕嚼，将食物弄碎。之后，
婴儿开始学会再将弄碎的食物用舌头整
合成一团这一动作。因此要将食物勾芡，
以便婴儿完成整合和吞咽。

这一时期的注意事项

对进食以外的事情充满兴趣，每天
的喂食时间应当固定

　　这一阶段，婴儿容易出现突然不愿意
吃饭或者松懈不配合的状况。在培养1日
2次辅食添加的生活规律的同时，也要明
白，如果婴儿不想进食就不能勉强，这样
简单的判断也是很重要的。

促进发育的进食方法

✘禁止
宝宝嘴里的食
物还没有完全
咽下的时候，
不要把勺子伸
到宝宝嘴边。

婴儿会出现不经咀嚼就
吞咽的问题，要注意进食方法

　　这一阶段，婴儿容易出现进食过快、
不咀嚼就吞咽等问题。这不仅是不嚼就咽
影响消化的问题，还会导致婴儿无法进行
咀嚼的练习。因此，要在喂食时确保婴儿
完成了用嘴唇含住勺子、嘴吧唧吧唧地进
行蠕嚼运动以及最后吞咽这一系列动作。

正确的坐姿

准备宝宝餐椅，让婴儿可以独立坐好

　　这一阶段，可以开始使用宝宝餐椅
等婴儿吃饭时的辅助设施了。婴儿为了
咀嚼食物，会集中力量在嘴上，因此应
当选择那些带有稳固脚踏台的餐椅，让
婴儿的脚可以踩在上面。

蠕嚼期的辅食烹饪范例（食材的软硬和大小）

蠕嚼期的食材和吞咽期的相比，水分更少，并保留了食物一定的形状。

	前半阶段	后半阶段
能量来源（以大米为例）	**黏稠的蛋黄糊状** 黏稠的7倍粥，1次50g左右。如果是面条，1次35g左右。	**可以看见米的颗粒的5倍粥** 可以看见米的颗粒的5倍粥，1次80g左右，如果是面条，1次55g左右。
维生素、矿物质来源（以胡萝卜为例）	**用舌头和下颌可以弄碎的程度** 将蔬菜煮至用舌头可以弄碎的程度，切成2~3mm大小的碎末，蔬菜和水果的比例为3:1。	**煮至软嫩，食物的块更大一些** 将固体食物直接煮好，切成较大的块状。再切成3~4mm大小的碎末，蔬菜和水果的比例为3:1。
蛋白质来源（以白肉鱼为例）	**软硬度为嫩豆腐的程度** 将食物煮好后用擦板擦碎，为了方便食用，勾芡也是可以的。	**后半阶段的软硬度为北豆腐的程度** 保留食物一定的形状，将食物煮好后切至细碎的状态，如果婴儿食用不便，可以进行勾芡。

妈妈的辅食日志

蠕嚼期

调味只可使用海鲜汤。要花心思不让婴儿对辅食感到厌倦

习惯了辅食之后，一旦妈妈开始准备食物，婴儿会着急地催促想要赶快吃饭。因为调味时只能使用海鲜汤，所以婴儿容易对此感到厌倦而拒绝食用，因此要调整食谱，增加一些味道好闻的蔬菜。为避免由于乳制品过敏而导致缺钙，应添加可以整条食用的鱼（沙丁鱼干）。

一天的辅食食谱

· 小沙丁鱼粥　　· 煮时蔬
· 鸡肉丸子汤

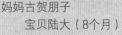

妈妈古贺朋子
宝贝陆大（8个月）

蠕嚼期推荐的辅食食材

蠕嚼期婴儿可以食用的食材逐渐增加，肉类应从鸡脯肉开始让婴儿适应，并且要把握好量。

能量来源	维生素、矿物质来源	蛋白质来源	调味料、油 有关使用方法. 参考 p144
吞咽期的食材 +	吞咽期的食材 +	吞咽期的食材 +	吞咽期的食材 +
乌冬面	青椒	金枪鱼	白砂糖（绵白糖）
挂面	秋葵	鲣鱼	番茄酱
粉丝	荷兰豆	鲑鱼	黄油
面包（选择添加剂少的）	▲ 扁豆	金枪鱼罐头	生奶油（动物性）
玉米片	▲ 茄子	鲣鱼片（木鱼花）	橄榄油
燕麦片	黄瓜	鸡脯肉	玉米油
芋头	生菜	牛奶	芝麻油
山药	▲ 菌类	发酵型酸奶	紫苏油
	青豌豆	奶酪	▲ 盐
	洋葱	加工干酪	▲ 酱油
	▲ 卷心菜	软质乳酪	▲ 味噌
将荞麦碾碎后做成的燕麦片，钙、铁含量丰富，且易于消化，简单处理就可以变得很软，因此是辅食的不二选择。	▲ 芹菜	纳豆	▲ 色拉油
	红小豆	鸡蛋黄	
	水果罐头	▲ 鸡蛋清（整个鸡蛋）	
	▲ 烤干紫菜	▲ 牛肉（瘦肉）	
	▲ 海白菜	▲ 猪肉（瘦肉）	
	▲ 白萝卜	▲ 肝脏和混合肉馅（猪肉和牛肉）	

海苔等海藻类食物可以开始逐渐给婴儿食用。

这一阶段，可以准备各式各样的蔬菜粥，除鲣鱼、海带汤以外，西红柿等食材做成的酱、蔬菜汤或是牛奶、乳制品等也可以食用，处理食材时手法也更多样，味道和软硬可以有许多变化。切记山药一定要蒸熟后再给婴儿食用。	蔬菜的选择，在这一阶段不要使用苦味、涩味重、烹饪后也难以变软的，除此之外，大部分都可以给婴儿食用。所有的蔬菜都需要制熟，西红柿等需先进行去皮处理。	7个月大的婴儿可以吃煮熟成固体状的鸡蛋黄，8个月左右可以开始吃蛋清，金枪鱼、鲣鱼等红肉鱼也可以开始食用。肉类中，鸡脯肉这种脂肪含量少的可以给婴儿食用，瘦猪肉、瘦牛肉可以在鸡脯肉之后添加。乳制品虽然已经可以开始食用，但脂肪含量多的奶油奶酪不可以，纳豆需要做熟后再给婴儿食用。	蠕嚼期，烹饪时仍然应当尽可能不放调味料，若必须要放，也要注意应当是稍稍有一点味道的清淡程度。选择食用油时，比起色拉油，更推荐橄榄油等不添加其他成分的植物油。

▲ 表示该食材一点一点、少量给予是可以的。

细嚼期的辅食添加方法

婴儿从辅食中获取的能量、营养物质越来越多，食欲更加旺盛，开始用手抓取食物。

细嚼期

容易缺铁的时期，经常用手抓取食物

辅食变为 1 日 3 次，能量、营养物质的一半以上都从辅食中获取。这一时期，母乳中铁的含量会变得不足，因此要更加注重营养的均衡。另外，婴儿的舌头可以灵活地运动，因此这一时期咀嚼的练习十分重要。这一时期，婴儿经常会用手抓食物来吃，他们通过"用手抓食物来吃"来学习吃东西的感觉。在这一时期，要尽可能地给婴儿自由。

细嚼期的标志

- ☐ 月龄满 9 个月
- ☐ 吃饭时，嘴巴左右活动
- ☐ 食用块状食物时，会用牙龈来磨碎食物

细嚼期的辅食添加时间范例
前半阶段、后半阶段通用

	时间
母乳、配方奶	第一次（早晨）
辅食 ＋ 母乳、配方奶	第二次（上午）
辅食 ＋ 母乳、配方奶	第三次（下午）
辅食 ＋ 母乳、配方奶	第四次（傍晚）
母乳、配方奶	第五次（睡前）

调整母乳、配方奶的量达到辅食 1 日 3 次

每天的辅食次数增加到 1 日 3 次，最开始的时候辅食的量很少也没关系，一点一点地增加，直到进餐后不再喝母乳、配方奶。在这一时期，要慢慢地帮助婴儿养成 1 日 3 餐的规律饮食习惯。

11 个月大左右开始，慢慢过渡到和家人同时间进餐

这一阶段后期，辅食添加调整为早、中、晚各 1 次，和家人用餐时间接近。这一时期，婴儿容易出现挑食现象，比起食物味道的问题，更主要的是由于含纤维的食物增多，吃起来较为不便。在制作辅食时，可以做一些处理，比如进行勾芡，多混合一些其他食物，等等。

发育的特点

咀嚼能力更加发达，舌头活动更加灵活

　　婴儿的舌头可以前后、上下、左右灵活活动。另外，这一时期婴儿长门牙，因此会逐渐用门牙咬断食物，通过咀嚼弄碎食物。

这一阶段的注意事项

吸管杯

喝东西时嘴唇不动，避免使用吸管杯

　　有报告显示，如果长期只使用吸管杯，婴儿的舌头发育会迟缓，影响说话发音。建议婴儿在进入1岁前，就逐渐练习直接用杯子喝东西。

促进发育的进食方法

如果宝宝贪玩，看上去不愿意停止玩耍，那就 15 ～ 20 分钟结束进食。

要认识到，搞砸弄乱也是发育的必要过程

　　用手抓取食物来吃，看起来像在玩一样，但其实是在通过接触食物来熟悉它的形状和软硬。考虑到发育的进程，应当给予关注。

正确的坐姿

调整身体以及椅子的位置，让婴儿用手可以够到食物

　　细嚼期，婴儿大多喜欢用手抓取食物，因此在用餐时，要多留意椅子或者婴儿坐下的位置，让椅子离桌子近一些、坐得靠前一些，以便婴儿可以用手够到食物。

细嚼期的辅食烹饪范例（食材的软硬和大小）

婴儿开始利用牙龈将舌头无法弄碎的食物弄碎，这时应在烹饪时调整食材的软硬、大小，不要让婴儿不经过咀嚼就可以吞下。

	前半阶段	后半阶段
能量来源（以大米为例）	米和水的比例为1：5的一般米粥 软硬程度应为用牙龈就可以轻松弄碎，基本与成人平时食用的粥相当。 	米和水的比例为1：3的软米饭 与前半阶段相比，煮饭时水分略减少，比粥稍微硬一些，接近于较软的米饭。 
维生素、矿物质来源（以胡萝卜为例）	用牙龈可以弄碎的香蕉的软硬程度 保持块状，煮至用牙龈可以弄碎的和香蕉差不多的软硬程度，切成5mm左右的大小。蔬菜和水果的比例为3：1。 	和前半阶段的软硬程度一样，形状更大一些 后半阶段，煮至的软硬程度和前半阶段相同，但要切成7mm左右的大小。蔬菜和水果的比例为3：1。 
蛋白质来源（以白肉鱼为例）	用牙龈可以轻松弄碎的软硬程度 食材煮好后切成5mm大小，达到用牙龈就可以轻松弄碎的软硬程度。煮得过久食材会变硬，要注意这一点。 	食材切成7mm的大小，勾芡 将食材煮至用牙龈可以弄碎的软硬程度，切成7mm的大小，若婴儿食用时较困难，可以进行勾芡。 

**母乳量减少
辅食量增加**

女儿从开始吃辅食起，食欲就很旺盛，吃得也很多。目前还没有加调味料进行调味。她会用手抓食物，吃的时候会弄得到处都是，但大口大口嚼得很起劲。

妈妈的辅食日志

细嚼期

妈妈若穗围佳
宝贝实莉（9个月）

一天的辅食食谱

- 粥
- 西红柿、洋葱、胡萝卜、茄子汤
- 黄瓜小油菜沙拉
- 煮白萝卜、胡萝卜
- 豆腐

细嚼期推荐的辅食食材

婴儿从辅食中获取营养的骤增阶段，一定要注重营养的均衡。

能量来源	维生素、矿物质来源	蛋白质来源	调味料、油 有关使用方法. 参考 p144
吞咽期的食材	吞咽期的食材	吞咽期的食材	吞咽期的食材
蠕嚼期的食材	蠕嚼期的食材	蠕嚼期的食材	蠕嚼期的食材
+	+	+	+
米粉	藕	鳕鱼	酱油
意大利面	牛蒡	鲹鱼	味噌
通心粉	豆芽	沙丁鱼	醋
松饼	毛豆	秋刀鱼	⚠ 盐
	裙带菜	五条鰤	⚠ 蚝油
	羊栖菜	牡蛎	⚠ 料酒
	山药泥	扇贝	⚠ 炖鸡肉汤
	海藻	蛤蜊	⚠ 甜面酱
	菌类	蚬子	⚠ 色拉油
	梅干	鸡肉（胸肉、腿肉）	芝麻油
		牛肉（瘦肉）	
		猪肉（瘦肉）	
		动物肝脏和混合	
		肉馅(牛肉和猪肉)	
		大豆（水煮）	
		鸡蛋清（整个鸡蛋）	
意大利面、通心粉等食材，要煮至较软易嚼的程度。一般的软硬度只适合过了细嚼期的宝宝。松饼有弹性，要在回软之后切成小块。	菌类也可以食用。婴儿容易缺铁，因此要多食用羊栖菜等含铁丰富的食材。毛豆需去掉表面一层薄皮后再给婴儿食用。婴儿可能会出现噎食情况，请多注意。	青背鱼中富含DHA，有利于大脑发育，可以开始食用。鳕鱼虽然是白肉鱼，但从细嚼期开始也可以食用。蛤蜊、蚬子可以作为食材使用，但加热后会变硬，因此烹饪时需要多做一些处理，例如可以切好后放入汤中。动物肝脏、瘦肉可以很好地补充铁，不要忽视。	调味时要注意调味料只需加一点点，稍稍有一点味道即可。盐、酱油、味噌等调味料中盐分较多，最好是过了细嚼期之后再使用。

⚠ 表示该食材一点一点、少量给予是可以的。

咀嚼期的辅食添加方法

婴儿进食能力大大提高，用手抓取食物也越来越多。开始逐渐培养咀嚼的习惯，进入辅食添加最终阶段。

婴儿的绝大部分营养从辅食中获取

1日3餐加上加餐，达到营养均衡

咀嚼期是婴儿进入幼儿饮食阶段的过渡期，但这一时期婴儿的内脏尚未发育成熟，食量大小也因人而异，差异较大，仅靠1日3餐可能无法摄取足够的营养。因此要在正餐之间增加加餐，以补充容易缺少的营养物质。婴儿边玩边吃、用手抓取食物等现象也更加频繁，边玩边吃会一直持续到2~3岁，要认识到这是增强宝宝食欲的时期，因此要多一些耐心去配合。

咀嚼期的标志

- ☐ 满1岁
- ☐ 养成1日3餐的饮食习惯
- ☐ 用手抓取食物现象更加频繁
- ☐ 进食时用门牙或牙龈来弄碎食物
- ☐ 吃块状食物时，嘴巴上下、左右活动

⏰ 咀嚼期的辅食添加时间范例
前半阶段、后半阶段通用

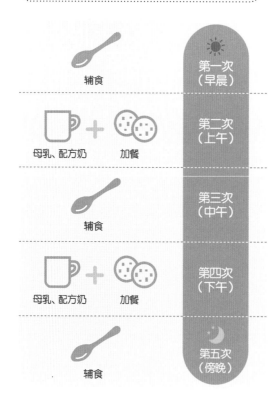

辅食	第一次（早晨）☀
母乳、配方奶 ＋ 加餐	第二次（上午）
辅食	第三次（中午）
母乳、配方奶 ＋ 加餐	第四次（下午）
辅食	第五次（傍晚）🌙

配合1日3餐的食量增加加餐

这一时期，婴儿已养成1日3餐的饮食规律，但可能会出现一次进食过多或过少、营养不够均衡等问题，这时候就要每天在正餐之间补充1~2次包括饮料在内的加餐，来补充所需营养。

由作息决定辅食时间，调整每天的生活节奏

由作息决定辅食的时间、19点前吃晚饭、20点睡觉，等等，帮助婴儿养成良好的生活规律，以准备进入幼儿饮食阶段。婴儿进食时会用牙咬断食物，用牙龈弄碎食物，所需的75%~80%的能量、营养都从辅食中获取。

发育的特点

嘴巴的活动能力加强，但咀嚼能力尚且不足

幼儿嘴巴已经可以灵活活动来咬食物，但咀嚼能力还处于较弱阶段，因此一定要注意食物的软硬程度。后半阶段，幼儿长出犬齿和第一乳磨牙，也会用门牙来咬食物。

这一时期的注意事项

注意和成人食谱的不同在于味道的浓淡以及食物的软硬程度

这一时期，很多食物都可以给幼儿食用，但要注意使用的调味料的量应低于成人的1/3。幼儿的咀嚼能力还较弱，因此烹饪时食物的大小、软硬应当与月龄相匹配。

促进发育的进食方法

这一阶段幼儿想要用餐具吃饭，但和叉子相比，勺子更合适

在用手抓取食物的基础上，幼儿会想要用勺子等餐具来吃饭，这是在培养"自主吃饭"的能力，因此要尽可能地给他们自由。和只要张开嘴巴就能吃到食物的叉子相比，使用勺子可以练习嘴巴的张开和闭合，提高咀嚼能力，因此更推荐让幼儿使用勺子。

正确的坐姿

脚需要稳稳地踩在踏板上进食

如果脚不能稳稳地踩在踏板上，幼儿在咬食物时就无法用上力气。为了让幼儿可以将手肘放在桌子上，轻松地使用手或勺子，要帮助幼儿调整坐姿，坐得高一些，并且使脚稳稳地踩在踏板上。

咀嚼期的辅食烹饪范例（食材的软硬和大小）

食物的软硬程度接近于成人饮食，软硬适中的肉丸子为参考程度。

	前半阶段	后半阶段
能量来源（以大米为例）	**水分略多的软米饭** 这一阶段，水分略多的软米饭为合适的软硬程度，量为90g（比儿童碗1碗稍微少一点）。 	**和成人一样的米饭** 幼儿可以和成人食用硬度一样的米饭。量为80g（儿童碗的4/5左右）。 
维生素、矿物质来源（以胡萝卜为例）	**用勺子可以轻松切动的软硬程度** 将食材煮至和肉丸子差不多的软硬程度，用勺子可以轻松切动，煮好后切成8mm大小。蔬菜和水果的比例为3：1。 	**和前半阶段的软硬程度一样，形状更大一些** 和前半阶段一样，将食材煮至和肉丸子差不多的软硬程度，用勺子可以轻松切动，煮好后切成1cm大小。蔬菜和水果的比例为4：1。 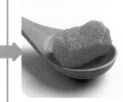
蛋白质来源（以白肉鱼为例）	**用勺背可以弄碎的软硬程度** 食材成块蒸、烤之后切成1cm大小。达到用勺背可以轻松弄碎的软硬程度。 	**可以感受到一定硬度，用牙可以弄碎的形状** 食材成块蒸或者稍稍炒过之后切成1.5cm大小，达到咬的时候可以听到声音但用牙龈可以弄碎的软硬程度。 

妈妈的辅食日志

咀嚼期

手抓食物非常频繁

宝宝甚至会把手伸进餐盘里，食欲非常旺盛，妈妈制作辅食很有成就感。因为幼儿自己想要吃东西的意识很强，所以食材一定要加工成容易食用的形状。这次做的是宝宝一口可以吃下的饭团，上面撒上了黄豆粉。

妈妈井上启子
宝贝豪（1岁3个月）

一天的辅食食谱

- 黄豆粉饭
- 豆腐海带味噌汤
- 沙丁鱼酱油汤
- 煎南瓜
- 西红柿
- 香蕉

咀嚼期推荐的辅食食材

幼儿可以食用的食物大大增多，在加餐的选择上，可以添加一些能够补充能量的谷类食物。

能量来源	维生素、矿物质来源	蛋白质来源	调味料、油 有关使用方法. 参考p144
吞咽期的食材	吞咽期的食材	吞咽期的食材	吞咽期的食材
蠕嚼期的食材	蠕嚼期的食材	蠕嚼期的食材	蠕嚼期的食材
细嚼期的食材	细嚼期的食材	细嚼期的食材	细嚼期的食材
+	+	+	+
普通面食	香草类	鲐鱼	蚝油
	牛油果	⚠ 虾	甜面酱
	⚠ 菠萝	⚠ 螃蟹	蜂蜜
	⚠ 干果	乌贼	⚠ 日式酱汁
	⚠ 海苔	章鱼	（伍斯特辣酱油、中浓）
	⚠ 裙带菜饭（将米与鱼、贝、肉和蔬菜等一起煮的米饭）	⚠ 鳕鱼子	⚠ 清炖肉汤（西餐用、市售）
		鲑鱼片	⚠ 盐
	⚠ 大蒜	鱼肉肠	⚠ 料酒
	⚠ 生姜	⚠ 鱼糕	⚠ 色拉油
	⚠ 果酱	⚠ 鱼卷（竹轮）	芝麻油
	⚠ 芝麻酱	⚠ 蟹棒	
		混合肉馅（牛肉+猪肉）	
		培根	这一时期，会从大人的饮食中分一些给幼儿，因此最好一家人的饮食口味都淡一些。
		火腿	
		香肠	
大部分面食幼儿都可以食用。但在让宝宝抓取食用时要注意食物的形状和大小，以免噎食。	在进入蠕嚼期后，少量给一些牛油果是可以的，但牛油果脂肪含量较多，最好是1岁以后再食用。在烹饪时对牛蒡、藕、竹笋等食材做一些处理，幼儿也会很喜欢。	虾、螃蟹等可能引起过敏，因此1岁之后才可以给幼儿食用。想要用火腿、香肠、培根等加工食品的时候，一定要选择那些添加物少、含盐量低的，最小限度地给幼儿食用。	清炖肉汤应选择添加物少的，并尽可能少使用。并不是所有的食物都要千篇一律地味道很淡，要重点分明、张弛有度地设计食谱（主食不加调味料、主菜加少量酱油，等等）。

⚠ 表示该食材一点一点、少量给予是可以的。

在这里，为大家介绍从吞咽期到咀嚼期的不同时期里，婴幼儿一天的理想辅食食谱以及食谱设计的理念。

把握基本理念，让食谱的设计充满智慧

本身辅食的制作就已经很花精力了，还要设计食谱？可能很多人会觉得这看起来太麻烦了。但实际上，食谱设计的基本理念并没有那么难。需要花心思的是"让宝宝的营养摄入均衡"以及"将食物做成与发育程度相适应的分量和软硬程度"这两件事。

婴儿过了蠕嚼期之后，就要从能量来源、维生素及矿物质来源、蛋白质来源中选择食材进行搭配组合来设计食谱。细嚼期以后，婴儿养成1日3餐的饮食规律，在食谱的设计上也会更麻烦一些，但可以尝试花一些心思来减少辅食制作的时间，比如选择一次进食只需一盘就可以满足多种营养需求的意大利面或者三明治等。

在滑嫩、细碎的粥中加入糊状的蔬菜或白肉鱼是食谱的重点。

吞咽期的辅食食谱范例

注重滑嫩程度的辅食食谱

吞咽期还没有必要特别严密地设计食谱，以可以提供能量的主食为主，少量搭配主菜、副菜即可。

● 大米粥（p36）
● 鲷鱼炖西蓝花（p79）

● 燕麦片水果粥（p45）
● 法式蔬菜汤（p89）

这一时期食谱的重点是将食材煮至软嫩易嚼、用舌头就可以弄碎的软硬程度。

蠕嚼期的辅食食谱范例

注重三大营养物质

辅食增加到1天2次的蠕嚼期阶段，食材也逐渐增加，在设计食谱时要注重能量来源、维生素及矿物质来源、蛋白质来源这三大营养物质的均衡搭配。

● 大米粥（p36）
● 白菜炖鲑鱼（p61）

细嚼期的辅食食谱范例

食物容易用手抓取的辅食食谱

辅食增加到1天3次。仍以主食为主，早晨为主食、主菜＋副菜，中午为主食、副菜拌在一起，盛在一个盘子中，晚上可以设计主食、主菜、副菜分开的食谱。另外，在设计食谱时，要考虑到婴儿习惯用手抓取食物。

主食

主菜＋副菜

 早晨
- 面包卷
- 彩椒蛋卷（p94）

烹饪时应注意食物的软硬程度应使婴儿用牙龈可以弄碎。方便用手抓取的面包可以直接拿给婴儿食用。

有帮助的食材
意大利面

意大利面种类很多，味道、形状也各式各样，简简单单就可以避免辅食过于单调。

主食＋副菜

 中午
- 西红柿金枪鱼意大利面（碎面）（p48）

这个食谱功效满分，仅一道菜就可以满足多种营养需求，是一种非常受欢迎的食材。

青菜汤

食材

海鲜汤	80ml
青菜（菠菜）	20g
黄油	少许

制作方法

① 将青菜煮软，切碎后备用。

② 锅里加入海鲜汤烧开，加入切好的青菜，煮1分钟左右之后加入黄油。

主菜

主食

副菜

晚上

 用手抓 OK
鸡块

鸡块用手指可以轻易捏起，因此也推荐出门时作为辅食携带。

- 大米粥（p36）
- 煎鸡肉块（小块）（p72）
- 青菜汤

包括主食（能量来源）、主菜（蛋白质来源）、副菜（维生素、矿物质来源）的三道菜食谱范例。

早晨

咀嚼期的辅食食谱范例

主食 + 主菜 + 副菜的辅食食谱

　　早、中、晚三餐之间，可以增加 1 ~ 2 次加餐。一次的辅食应包括主食、主菜、副菜三道菜，在设计食谱时要考虑好一天以及一周的营养摄取。

● 玉米松饼（p52）
● 煮蔬菜条

　　松饼以及切成长条状的蔬菜比较容易用手抓取，适合在忙碌的早晨给婴儿食用。

煮蔬菜条

食材
黄瓜 ············ 15g
胡萝卜 ·········· 15g

制作方法
❶ 将胡萝卜煮软。
❷ 黄瓜去皮。
❸ 将处理好的胡萝卜和黄瓜切成 3cm 的细长条状，一并盛入盘中。

● 煮苹果（p138）

将苹果切成方便食用的大小，加水煮软，是水果类的加餐。

加餐
下午

有帮助的食材
纳豆

　　纳豆富含 B 族维生素，是很好的蛋白质来源。吞咽时纳豆滑过喉咙的感觉很好，可以搅拌好直接食用，也可以勾芡后食用。

● 纳豆韭菜炒饭（p50）

　　炒饭也是不错的节省时间的食谱，制作时要注意选择营养均衡的食材，并且味道要淡一些。

晚上

 加餐
下午
● 宝宝曲奇（p139）
● 麦茶

加餐应多选择适合宝宝的食品。加餐若水分较少，可以配合麦茶食用。

咀嚼期的加餐
加餐一定要适量

咀嚼期以后，要考虑食量和营养均衡问题，通过辅食来补充缺乏的营养。加餐的时间要固定，搭配饮料时要控制好量。

 用手抓 OK
曲奇

用手指便可轻松捏起的曲奇，很受幼儿欢迎。宝宝食品中曲奇的种类也十分丰富。

裙带菜粥

食材
海鲜汤 ⋯⋯⋯⋯100ml
裙带菜（泡发后切碎）
⋯⋯⋯⋯⋯⋯1 小茶匙
制作方法
❶ 锅内加入海鲜汤烧开。
❷ 在步骤 ❶ 的锅中加入裙带菜，煮 1 分钟左右。

有帮助的食材
裙带菜

储存方便的干裙带菜，富含每日所需的矿物质，制作起来也十分简单！

 晚上
● 软米饭（p36）
● 南瓜猪肉卷（p77）
● 裙带菜粥

辅食变为1天3次之后，主食每餐都是米饭也是可以的，主菜、副菜要注意营养搭配均衡。

让妈妈和宝宝都能快乐享受辅食的诀窍

最开始的时候进展不顺利是正常的。烦恼，也会让一个人成长

从辅食添加最开始的阶段就很喜欢食用的宝宝是有的，但怎么都不吃、讨厌蔬菜的宝宝也有很多。妈妈没有必要太过担心。婴儿的个体差异很大，辅食的逐步添加也应该因人而异。你要认识到，进展不顺利也是正常的，不要勉强，要按照婴儿的节奏来进行。特别是吞咽期，婴儿容易出现较大的抵触情绪，且营养主要来自于母乳，所以不要拘泥于自己制作，尝试一些宝宝食品（p126）也是可以的。另外，在婴儿充分食用母乳后，添加一些和母乳味道相近的可以让婴儿安心食用的食物，或是豆腐这种舌头触感较好的食物，婴儿可能会比较容易接受。虽然妈妈会为此很烦恼，但烦恼也是让你能够更好地理解对方（婴儿）的宝贵经验。

帝京科学大学教授（营养学博士）
上田玲子教授

> 添加辅食的烦恼是很宝贵的经验。讨厌和不顺利也是成长的必经之路。

要点

▶ 婴儿不吃辅食的时候，增加一些母乳试试。

▶ 进展不顺利是很正常的，要把烦恼当成经验。

料理研究家
上田淳子教授

> 婴儿对食物的喜好是不断变化的，要有耐心地去多做一些尝试。

要点

▶ 添加辅食是宝宝养育过程中的挑战，放轻松、去享受。

要明确，婴儿对食物的喜好因人而异，会随着时间不断变化！

我有一对双胞胎儿子，但他们对食物的喜好完全不同。有时候，其中一个儿子特别喜欢这种食材，但到了另一个那里，就一口也不吃。制作辅食花了很多精力，但是，婴儿就是每个人都有不同的个性，所以对食物的喜好不同也理所当然。而且，孩子对于食物的喜好也是不断变化的，千万不要过于在意，这是我从实际经验中得出的感悟。当孩子怎么样都不肯吃饭，或是遇到难以处理的食材的时候，一定不要焦虑，要一边享受，一边去做各种各样的尝试。妈妈如果压力太大，这种情绪也会影响到孩子。带着享受的心，持之以恒地去坚持是最重要的。

Part 2

现在让我们开始
制作辅食吧

掌握了基本知识之后，就开始进行实践吧！

这一部分中，会按照"主食""蔬菜、菌类""肉类""鱼类""乳制品""豆类、干菜"等将食材分类，介绍各种各样的受婴幼儿欢迎的食谱。

烹饪要点和建议也请多多参考。

制作辅食要备齐的烹饪工具

为了制作婴儿容易食用的辅食，一定要准备齐全的烹饪工具，还有一些便利的小工具，在这一部分中，将为大家详细介绍。

捣泥器

多备几个更加便利

辅食添加刚开始的阶段，需要将食材切得很碎，这时捣泥器就十分重要了。捣泥器的孔的大小不同，效果也不同，因此要依据宝宝月龄和具体用途来进行选择。

小 锅

烹饪少量食物时必备

辅食制作时，经常需要煮少量的蔬菜或肉，小号的锅就派上用场了。因为还会煮粥等食物，所以请准备带盖子的锅。

量 勺

用于计量 15ml 以下的食材

在计量少量食材时，可以使用量勺。大茶匙 1 匙为 15ml、小茶匙 1 匙为 5ml，此外，还可以用于计量 1/2 大茶匙、1/2 小茶匙。

量 杯

用于计量水或米的量

计量水、米、海鲜汤等的量时，可以使用量杯。量杯刻度精确，可以清楚地读数，非常方便。另外，它的耐热性好，因此可以放入微波炉中使用。

捣碎器

可以快速将蔬菜弄碎

在将煮好的蔬菜弄碎时可以利用捣碎器。南瓜、土豆等食材可以不切，直接煮好后利用捣碎器弄碎，简单方便，食材的处理也变得省时省力。

榨汁器

用于榨果汁

需要榨果汁进行烹饪时，有了榨汁器就十分方便了。橘子、橙子等可以带皮切成两半，放进榨汁器，既节省时间，又可以很好地完成榨汁。

筛网

用途广泛，十分方便

在将少量食材和水分离时，使用筛网十分方便。过滤金枪鱼罐头的汁、小沙丁鱼干的盐汁时可以使用，还可以用于过滤海鲜汤，适用范围十分广泛。

捣泥碗、捣泥棒

吞咽期必不可少

在将蔬菜、粥等食材制作成易于食用的软硬程度时可以使用。推荐选择方便操作的小号尺寸。

厨房剪刀

代替菜刀，用途广泛

在将蔬菜、面食等制成细碎形状时，厨房剪刀是极好的帮手。不仅可以将肉剪得很碎，还可以简单去除肉皮以及多余的脂肪等，十分方便。

辅食烹饪工具套装

一整套工具，满足多种需求

它也很方便！

榨汁、捣泥、擦碎等准备阶段的处理很费时间，因此准备一套辅食用的烹饪工具非常有必要。不用时可以把它们摞在一起，装入收纳盒中。

婴儿辅食添加期必需的工具

勺子

辅食期专用勺子。选择方便大人喂食的形状、方便婴儿自己吃饭的形状，等等，要配合不同阶段来选择勺子的形状和材质。大人喂食用的勺子选择勺柄较长、勺头较浅的比较好。在婴儿多用手抓食物的细嚼期，选择适合婴儿

手掌大小、轻质的硅胶勺或塑料勺比较好。在婴儿可以一个人用勺子吃饭之后，再换成不锈钢勺。

餐盘、碗

辅食期最好是选择方便取出食物、容易喂食的餐具。耐热的餐具可以在微波炉中加热，还可以利用微波炉或是热水进行高温消毒，十分便利。

围兜

罩衣一样形状的围兜，或是带有可接住食物的口袋的围兜等，围兜的种类很多。

辅食制作的基本技巧

在制作辅食之前，先从这一步做起

在这里将为大家介绍辅食制作的基本技巧以及食材准备阶段要用到的烹饪工具的使用小窍门。

配合婴儿的成长，在烹饪方法上下功夫

为了方便婴儿食用，制作辅食时，需要将食材切碎、擦成泥状、用筛网过滤等，这些工作都很花时间。比如，吞咽期的辅食，由于婴儿消化吸收功能尚未发育成熟，为了让婴儿能够食用，将食材处理得软、滑是要点。蔬菜煮软之后，由于植物纤维很细，为了不让纤维残留，需要用筛网进行过滤并将纤维弄碎，为了易于婴儿饮用，需要将海鲜汤等进行稀释，让汤汁变得顺滑。

辅食的制作必须配合婴儿的成长发育，根据不同阶段需求来改变食材的大小和软硬，这一点尤为关键。下面就为大家介绍辅食制作的基本技巧。

捣　泥

吞咽期或蠕嚼期，制作光滑块状辅食所要用到的烹饪方法

1

将食材煮至较软的程度

蔬菜、鱼等食材要事先煮至较软的程度。

▼

2

趁热将食材放入捣泥碗中捣碎

食材煮好后，趁热放入捣泥碗中，用捣泥棒捣碎。水分较少的食材可以加一些海鲜汤进行稀释。

小号的捣泥碗不容易结块

辅食专用的小号捣泥碗不容易结块，十分方便。菠菜等植物纤维较多的食材，切成几段之后再捣碎。

擦　碎

对吞咽期、蠕嚼期的辅食制作很有帮助的技巧。根据食材不同，处理上也要多花一些心思。

较硬的食材煮过之后再擦碎

胡萝卜等根菜类食物，煮过之后再擦碎，会变得比较滑软。苹果等可以直接食用的食材，在婴儿进食前擦碎就可以。

较软的食材，冻过之后再擦碎

面包、肉、鱼等较软的食材，可以放到冰箱里冻上，要用时拿出，趁没解冻前擦碎，这样处理起来比较简单。

需要加热时，可以直接将食材擦进锅里

若食材擦好之后需要加热，那么可以直接擦进锅里。这样要洗的工具也少了很多，何乐而不为呢。

捣碎和杵碎

蠕嚼期进入后半阶段，可以适当保留食材的硬度和形状。

食材煮好，快速过火

蔬菜、鱼等用开水煮好，并快速过一下火。食材成块煮就可以。

去除水分，趁热将食材弄碎

将去除水分后的食材放入碗中，用叉子或勺子的背面碾压、捣碎。

食材量较多时，使用捣碎器很方便

在处理量较多的土豆、南瓜等食材时，使用捣碎器一次可以捣很多，因此十分便利。

用筛网过滤

菠菜、洋葱等植物纤维较多的蔬菜煮软小技巧。

煮食材

蔬菜入锅煮，带叶蔬菜只有较软的叶子部分可以食用。

用筛网过滤

将煮好的蔬菜放入筛网中，用勺背把蔬菜向筛孔里挤压，进行过滤。出于卫生考虑，筛孔中残留的蔬菜、果皮、核等一定要弄干净，并仔细用水清洗。

若食材量少，用大孔筛网也可以

过滤少量蔬菜时，用孔比较大的筛网很方便。过滤之后，加一些海鲜汤或清汤稀释，更容易饮用。

切 菜

蔬菜竖切以切断纤维

　　蔬菜煮过之后，竖切以切断纤维。如果蔬菜过细，纤维容易残留，那么可以先竖切，之后再横切。

肉含纤维较多，垂直切会使口感比较软嫩

　　肉要先仔细去除筋、脂肪等多余部分，然后再切，垂直切可以切断纤维，使口感更软嫩，也容易煮熟。

切丝

　　将食材切成宽3mm左右长条形的切法。可以沿着纤维来切，也可以垂直于纤维来切，垂直切的蔬菜过火煮后口感更软嫩。

切小片

　　切小片是针对细长形蔬菜的。从一端开始垂直切断纤维，片较薄，保留有一定的宽度。切片的厚度要根据食材种类和不同的辅食添加阶段来调整。

切碎末

　　将食材切成碎末的切法。最开始先将蔬菜切成长条状，再从长条的一端开始仔细切碎，切成2mm左右的大小。

切颗粒

　　这种切法切出的颗粒比碎末稍微大一点，大约切成4mm的大小。和蔬菜先切后煮相比，煮过后再切会让蔬菜更加软嫩，甜味也能更好地保留。

勾 芡

能让食物滑过喉咙时感觉更好。难以食用的食物也可以一瞬间变得容易食用。

使用淀粉

这是适合勾芡的黏稠度！

淀粉❶和水以 1 : 2 的比例混合

使用淀粉勾芡时，先将食材放入锅中煮开，再将用2倍的水混合好的淀粉加入其中。一口气全部倒入，然后快速搅拌，这样芡就勾好了。淀粉不热的时候是无法勾芡的。必须等水沸腾之后，再加入淀粉，这是要点。

使用粥

糊状的10倍粥具有适度的黏性，不管加什么食材都很合适，因此是勾芡的不二之选。

使用酸奶

很多人选择使用滑嫩的酸奶来勾芡。只要将食材倒在里面搅拌好即可，操作简单，非常方便。

使用土豆

富含淀粉的土豆，在生的时候捣碎，再将食材放入其中进行加热，用来勾芡也很方便。

让辅食制作更加放心、安全

烹饪工具使用之后要用热水消毒

要注意，烹饪工具使用之后，必须先用洗洁精清洗，再放入煮沸的热水中进行消毒。之后还要好好擦干，保持干净。

婴儿对于细菌的抵抗能力较弱，因此保障制作辅食时的卫生非常重要。

在烹饪之前，务必先用香皂洗手，在烹饪过程中，也要勤洗手。直接接触食材的烹饪工具以及婴儿吃饭用的餐具等一定要注意保持干净，烹饪后要仔细清洗、消毒。辅食的保存方面，若在食物还热着的时候就盖上盖子，盖子内侧会结水滴，这也是细菌滋生的原因。因此，一定要等食物晾凉之后再盖上盖子。

❶ 本书中出现的淀粉，如无特殊说明，均指马铃薯淀粉。

煮粥方法

掌握辅食阶段最基本的主食——"粥"的煮制技巧

1 米洗净后大火煮

米洗净之后加水倒入锅中，开大火煮30分钟左右。

10倍粥400g（吞咽期10次量）＝米3大茶匙＋水450ml

7倍粥400g＝米3⅓大茶匙＋水350ml

5倍粥400g＝米4⅓大茶匙＋水300ml

> 剩余的量好好保存起来（p116）

2 煮沸后关小火

煮沸之后，关小火至表面不会咕噜咕噜冒泡时，再煮40～50分钟。为了防止水煮得飞溅、溢出，锅盖不要盖严，留（1/4）～（1/3）锅口大小的空隙。

火的大小如图所示

3 关火蒸

煮好后关火，盖上盖子闷15～20分钟。吞咽期，要将煮好的粥捣碎、用筛网过滤，以使粥更加顺滑，方便婴儿食用。

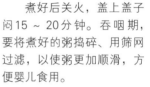 小窍门　**使用电饭锅，告别失败，轻松煮粥**

利用煮粥模式，简单方便！

10倍粥
米1/2杯＋水5杯

7倍粥
米3/4杯＋水5杯

5倍粥
米1杯＋水5杯

如果你的电饭锅有煮粥模式，不妨试试看！

用米煮粥时的加水量

粥的软硬程度要配合各个辅食阶段的需求。水的量只是参考，还要根据火的大小来适当调整。

成人米饭	软米饭（1～1岁半）	5倍粥（9～11个月）	7倍粥（7～8个月）	10倍粥（6个月左右）
米：水＝1：1.2	米：水＝1：3	米：水＝1：5	米：水＝1：7	米：水＝1：10

海鲜汤的制作方法

可以用来冲泡辅食，也可以用作煲汤、炖菜的底料。你一定想不到，手工制作海鲜汤其实非常简单。

鲣鱼海鲜汤

1 水烧开后放入鲣鱼片

锅中加水，大火烧开。水沸腾后关小火，加入鲣鱼片。
食材用量
鲣鱼片 15g
水 100ml

2 小火煮1分钟左右

不需搅拌，将步骤1用小火煮1分钟左右。煮的过程中汤可能会溢出，要注意这一点。

3 关火

煮1分钟之后，将火关闭。静放直至鲣鱼片沉入汤底。

4 过滤掉鲣鱼片即成

海鲜汤

将步骤3用筛网、竹筛或餐巾纸等进行过滤。将鲣鱼片全部滤净之后晾凉，鲣鱼海鲜汤就完成了！做好后放入冰箱里可以保存3天。

海带汤

只需轻轻擦拭海带,放入水中泡着即可!

用蘸湿的餐巾纸轻轻擦拭海带，然后放进水中泡上半天便可完成。然后将海带取出，剩下的汤汁即可食用。海带用水洗后本身的味道会流失，因此不能用水清洗。做好后放入冰箱里可以保存3天。

食材用量
海带 10cm 大片
水 500ml

小窍门 **晚上放入麦茶茶杯中，第二天早晨即可食用**

晚上，将海带和水加入冲泡麦茶的茶杯中，然后放进冰箱里，第二天早晨就可以食用了，非常方便。如果再加一点鲣鱼海鲜汤，味道会更加鲜美。

主食

每天的主食都以大米为主，薯类食品富含维生素 C

作为主食的谷物类、薯类食品，是人体生长不可缺少的食品。

谷物类食品分为细粮和杂粮。细粮就是指人食用的最常见的主食——大米，以及面包、挂面、意大利面等食品的原材料——小麦，还包括用来制作味噌、酱油等食品的原材料——大麦。除了大米、小麦、大麦以外的谷物类食品就叫做杂粮。辅食期，主食要以大米为中心来设计食谱。

土豆、白薯等薯类食品富含蛋白质，和谷物类食品一样可以提供人体所需的能量。另外，薯类食品在烹饪过程中，所含的维生素C不易被破坏。土豆中植物纤维较少，白薯在加热后甜度还会增加，因此是辅食期值得推荐的食材。

容易处理的食材

大米（精米）　土豆

燕麦片　白薯

辅食阶段，使用精米做的粥是最常见的主食。胚芽米、糙米等不利于消化，不适合宝宝在辅食期食用。土豆必须去皮、去芽后再进行烹饪。

使用时需要注意的食材

荞麦面
意大利面
挂面

面包　乌冬面

面包、乌冬面等小麦类食品可能会导致过敏或盐分过多，因此应在6个月大后再给婴儿食用。为了防止过敏，辅食阶段不要让宝宝食用荞麦面。

烹饪要点

粥不要调味，如果婴儿厌食就加入一些青菜

辅食期会经常做米粥。基本上不需要调味，但如果婴儿厌食，加入一些青菜也是可以的。这样加入的青菜就会让粥有味道。此外，粥能起到勾芡的作用，青菜也会变得容易食用，可谓一举两得。

厌烦喝粥
↓
将青菜切碎后加入，搅拌均匀，做成青菜粥

烹饪专家
淳子教授的建议
基本主食为粥或米饭

很多人在设计食谱时，不知道主食应该做什么。但是，主食的制作只要选择一种作为中心就可以。特别是大米，它是适合婴儿每天食用的优良食材。孩子从婴儿阶段开始，就让他们对主食有概念，知道"吃饭就是吃大米"。

主食 6 个月左右 吞咽期

主要食材

大米（粥）　土豆　白薯　面包（6个月+）　香蕉

香蕉富含碳水化合物（糖类），因此可以作为能量来源食材使用。

首先，从人们最为熟悉和习惯食用的大米（粥）开始。为了方便婴儿食用，要将其捣至泥状。

能量来源 **维生素、矿物质来源**

胡萝卜粥

食材
胡萝卜…………10 ～ 15g
10 倍粥（p36）…2 大茶匙

> 注意，若胡萝卜切碎之后再煮，会不易变软。

 6 个月+

制作方法
❶ 胡萝卜去皮煮软，捣碎成泥状。
❷ 将步骤 ❶ 加入 10 倍粥中，进一步捣碎。

制作时间
15 分钟

能量来源 **维生素、矿物质来源**

大头菜粥

食材
大头菜…………10 ～ 15g
10 倍粥（p36）…2 大茶匙

> 注意，大头菜在去皮时如果去得较薄，会有筋残留。

 6 个月+

制作方法
❶ 大头菜在去皮时削得厚一点，然后煮软并捣成泥状。
❷ 将步骤 ❶ 加入 10 倍粥中，进一步捣碎。

制作时间
15 分钟

能量来源 **维生素、矿物质来源**

西蓝花粥

食材
西蓝花………10 ～ 15g
10 倍粥（p36）
　　　　　　2 大茶匙

> 西蓝花只煮花头部分不太容易，可以整个煮。

 6 个月+

制作方法
❶ 将西蓝花整个煮软，只保留花头部分，捣碎。
❷ 将步骤 ❶ 加入 10 倍粥中，进一步捣碎。

制作时间
15 分钟

能量来源 维生素、矿物质来源 蛋白质来源

菠菜小沙丁鱼粥

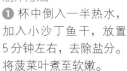
6
个月+

食材
菠菜（叶）… 10 ~ 15g
小沙丁鱼干
…………… 5 ~ 10g
10 倍粥（p36）
…………… 2 大茶匙

> 菠菜需要仔细切碎，以免植物纤维残留。

制作时间
10分钟

制作方法
❶ 杯中倒入一半热水，加入小沙丁鱼干，放置 5 分钟左右，去除盐分。将菠菜叶煮至软嫩。
❷ 步骤 ❶ 中的水倒掉，将小沙丁鱼干和菠菜用筛网过滤，捣碎。
❸ 将步骤 ❷ 加入 10 倍粥中，进一步捣碎。

能量来源 维生素、矿物质来源 蛋白质来源

西红柿豆奶粥

6
个月+

食材
西红柿…………10 ~ 15g
豆奶（无添加）
…………… 10 ~ 25ml
10 倍粥（p36）
…………… 2 大茶匙

> 西红柿顶部用刀划十字，放入热水中烫一下，去皮。

制作时间
10分钟

制作方法
❶ 西红柿去皮、去籽，捣成泥状。
❷ 将步骤 ❶ 加入 10 倍粥中，进一步捣碎。
❸ 在步骤 ❷ 中加入豆奶，搅拌均匀，包上保鲜膜放入微波炉中加热 20 秒钟左右。

能量来源 维生素、矿物质来源

香蕉菠菜

6
个月+

食材
香蕉 …………20 ~ 30g
菠菜（叶）…10 ~ 15g

> 香蕉的甘甜可以遮盖菠菜本身的苦涩味。

制作时间
10分钟

制作方法
❶ 将菠菜煮至软嫩，用筛网过滤，捣碎。
❷ 在步骤 ❶ 中加入香蕉，进一步捣碎。

能量来源 维生素、矿物质来源

白薯苹果泥

食材

白薯……… 10 ~ 30g
苹果……… 5 ~ 10g

> 苹果可能会导致过敏，所以要事先进行降低过敏可能的处理（p150），即事先将苹果加热。

制作方法

❶ 白薯、苹果去皮，煮软（煮好后的汤汁盛出备用）。

❷ 将步骤 ❶ 捣碎，加入适量汤汁进行稀释。

制作时间
15 分钟

能量来源 蛋白质来源

白肉鱼土豆泥

食材

白肉鱼（鲷鱼）
……… 5 ~ 10g
土豆 ……… 20 ~ 40g

> 最开始给宝宝食用白肉鱼的时候，选择不易导致过敏的鲷鱼比较好。此外，比目鱼等也可以使用。

制作方法

❶ 土豆去皮，煮软。煮的过程中加入鲷鱼，稍微煮一会儿（煮好后的汤汁盛出备用）。

❷ 将步骤 ❶ 中的土豆、鲷鱼捣碎，加入适量汤汁进行稀释。

制作时间
15 分钟

能量来源 蛋白质来源

土豆黄豆糊

食材

土豆 ……20 ~ 40g
黄豆粉 …1小撮~1小茶匙

> 黄豆粉要仔细搅拌，直到看不到粉块。

制作方法

❶ 土豆去皮，煮软（煮好后的汤汁盛出备用），捣碎。

❷ 在步骤 ❶ 中加入黄豆粉搅拌，如果感觉颗粒较硬，就加入适量汤汁进行稀释。

制作时间
15 分钟

主要食材 吞咽期 p39 +  乌冬面 挂面 燕麦片 粉丝

婴儿逐渐适应辅食之后，就可以变换更多的菜式了。舌头的触感和味道也更加丰富。

能量来源 维生素、矿物质来源 蛋白质来源

南瓜面筋粥

 7 个月+

食材

南瓜 ……… 15g

面筋 ……… 2个（2g）

5倍粥（p36）… 3大茶匙
多一点（50g）

南瓜中淀粉含量较多，用微波炉加热后会变得很软。

制作方法

❶ 南瓜去皮，煮软，捣碎。

❷ 将步骤❶和5倍粥、捣碎的面筋加入锅中，加1大茶匙水，煮2分钟左右，直到面筋变软。

制作时间 15分钟

能量来源 维生素、矿物质来源 蛋白质来源

小油菜纳豆粥

 7 个月+

食材

小油菜（叶）… 15g

纳豆碎 ……… 12g

5倍粥（p36）… 3大茶匙
多一点（50g）

婴儿的消化吸收能力尚未发育成熟，为了易于消化，纳豆需要加热。

制作方法

❶ 小油菜叶煮软，切碎。

❷ 将纳豆碎加入5倍粥中搅拌均匀，稍微煮一会儿。盛入碗中，加入步骤❶，一边搅拌一边给婴儿食用。

制作时间 10分钟

能量来源 维生素、矿物质来源 蛋白质来源

胡萝卜面筋海鲜粥

 7 个月+

食材

胡萝卜 ……… 15g

海鲜汤 ……… 1大茶匙

面筋 ……… 2个（2g）

5倍粥（p36）… 3大茶匙
多一点（50g）

面筋是用面粉做成的，如果担心会过敏，可以先给一点点，观察婴儿的情况。注意不要过量。

制作方法

❶ 胡萝卜去皮煮软，捣碎。

❷ 将步骤❶和5倍粥、捣碎的面筋加入锅中，加入海鲜汤，煮2分钟左右，直到面筋变软。

制作时间 15分钟

能量来源 维生素、矿物质来源 蛋白质来源

白菜鸡脯肉粥

食材
白菜（叶）………20g
鸡脯肉…………15g
5 倍粥（p36）……5 大茶匙多
　　　　　　　一点（80g）

制作方法
❶ 白菜叶煮软，煮的过程中加入鸡脯肉煮熟，将汤倒掉。
❷ 将步骤 ❶ 切碎，加入 5 倍粥中搅拌均匀。

> 白菜叶既甜又嫩，没有什么要特别注意的地方，非常适合宝宝在辅食期食用。

制作时间 **15 分钟**

能量来源 维生素、矿物质来源 蛋白质来源

草莓豆奶面包粥

7 个月+

食材
草莓………………5g
方形面包 ………15g
豆奶（无添加）…2 大茶匙

> 面包很容易就能变软，因此适合时间不充沛的时候使用。

制作方法
❶ 方形面包去边撕成小块，加入 1½ 茶匙水，泡发。
❷ 将步骤 ❶ 的水分轻轻挤出，加入豆奶，捣碎。
❸ 将步骤 ❷ 倒入耐热容器中，包上保鲜膜放入微波炉中加热 15 秒钟左右，稍微凉置一会儿，盛入碗中。
❹ 草莓用筛网过滤，加入步骤 ❸ 中。一边搅拌一边给婴儿食用。

制作时间 **10 分钟**

能量来源 蛋白质来源

鸡蛋面包粥

7 个月+

食材
全熟鸡蛋黄
　………1 小茶匙 ~ 1 个
方形面包 …15g

> 鸡蛋可能会导致过敏，因此要从全熟鸡蛋黄开始给婴儿食用。要根据辅食添加的进展情况来调整分量。

制作方法
❶ 方形面包去边切成小块，加入 3½ 茶匙水，泡发。
❷ 将步骤 ❶ 捣碎，倒入耐热容器中，包上保鲜膜放入微波炉中加热 20 秒钟左右。
❸ 在步骤 ❷ 中加入全熟鸡蛋黄，搅拌至糊状。

制作时间 **10 分钟**

能量来源 蛋白质来源

酸奶土豆泥

7
个月+

食材

发酵型酸奶 ……… 50g

土豆 …………… 45g

酸奶嫩滑的口感可以掩盖土豆稍微有些干涩的口感。

制作方法

❶ 土豆去皮，煮软，捣碎。

❷ 在步骤❶中加入发酵型酸奶，搅拌均匀。

制作时间
15分钟

能量来源 维生素、矿物质来源 蛋白质来源

鸡脯肉西蓝花土豆泥

8
个月+

食材

鸡脯肉 ………… 15g

西蓝花 ………… 15g

土豆 …………… 75g

制作方法

❶ 土豆去皮，煮软。煮的过程中加入鸡脯肉，煮熟。西蓝花只用花头部分（煮好后的汤汁盛出备用）。

❷ 鸡脯肉切碎。

❸ 土豆擦碎，和西蓝花、步骤❷一起搅拌均匀。为了口感软嫩，可以适量加入汤汁调整软硬程度。

制作时间
15分钟

能量来源 蛋白质来源

白薯豆腐泥

8
个月+

食材

白薯 ………… 75g

豆腐（擦碎）

………… 1 小茶匙

制作方法

❶ 白薯去皮后放入锅中，加入可以没过白薯的水，煮至软嫩（煮好的汤盛出备用）。煮好后，用叉子捣碎。

❷ 锅洗净，放入步骤❶、豆腐和3 ~ 4大茶匙的汤汁，中小火煮1分钟左右。

能量来源 维生素、矿物质来源

燕麦片水果粥

食材

燕麦片 ········ 10g
橙汁 ········ 1 大茶匙

> 燕麦片富含植物纤维，只需很短时间便可煮软，非常节省时间。

制作方法

❶ 将燕麦片加入耐热容器中，倒 4 大茶匙左右热水，放置 2 分钟左右。包上保鲜膜，放入微波炉中加热 1 分钟左右。
❷ 快速搅拌步骤 ❶，再倒入橙汁搅拌，让口感更嫩滑。

制作时间
10 分钟

能量来源 蛋白质来源

香蕉黄豆泥

食材

香蕉 ········ 40g
黄豆粉 ········ 1 小茶匙

> 黄豆粉如果有粉块残留，婴儿会不容易食用，因此要仔细搅拌。

制作方法

❶ 香蕉切块后捣成泥状。
❷ 步骤 ❶ 中加入黄豆粉，仔细搅拌。

制作时间
10 分钟

能量来源 维生素、矿物质来源 蛋白质来源

南瓜鲷鱼乌冬面碎

食材

南瓜 ········ 20g
鲷鱼 ········ 15g
煮乌冬面 ········ 55g

> 如果是乌冬挂面，则 50g 即可。这时就需要煮较长时间，然后切成小段。

制作方法

❶ 乌冬面切成 4 ~ 5mm 长。
❷ 南瓜去皮、去籽放入锅中，加 2/3 杯水，小火煮。
❸ 步骤 ❷ 煮软之后，用叉子捣碎，加入步骤 ❶，再煮 3 分钟左右。
❹ 在步骤 ❸ 中加入鲷鱼煮熟，用叉子将鲷鱼捣碎。

制作时间
15 分钟

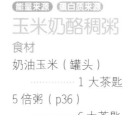 主食 **9～11个月** **细嚼期**

主要食材 吞咽期 p39 + 蠕嚼期 p42 + 意大利面 通心粉 松饼

这一时期，婴儿开始用手抓食物。要调整食材的形状、软硬等，让婴儿记住"抓"这个动作。
变换一些做法，让辅食制作更加有趣吧！

制作时间 **15 分钟**

能量来源 蛋白质来源

玉米奶酪稠粥

 9 个月+

食材

奶油玉米（罐头）
.................1 大茶匙
5 倍粥（p36）
.................6 大茶匙
比萨专用奶酪
.................12g

玉米和奶酪温润的味道，会让这道粥非常容易被宝宝接受。

制作方法

1 奶油玉米用筛网过滤。
2 将 5 倍粥和步骤 1 加入耐热容器中，加入比萨专用奶酪搅拌均匀，包上保鲜膜，放入微波炉中加热 1 分钟左右，搅拌至顺滑。

制作时间 **15 分钟**

能量来源 维生素、矿物质来源 蛋白质来源

鸡肉青菜粥

9 个月+

食材

鸡胸肉.................15g
青菜（小白菜、小油菜等）
.................20g
5 倍粥（p36）
.................6 大茶匙
芝麻油.................少许

芝麻油香味浓郁，可以增进食欲。

制作方法

1 青菜煮软，切碎。鸡胸肉去掉鸡皮和脂肪，切成边长 5mm 的块状。
2 锅中加 3 大茶匙水，放入步骤 1，中火煮。
3 鸡胸肉煮熟后，加入 5 倍粥，搅拌均匀，加入芝麻油。

制作时间 **15 分钟**

能量来源 维生素、矿物质来源 蛋白质来源

胡萝卜烧饭团

 10 个月+

食材

软米饭（p36）
.................80g
胡萝卜.................25g
面粉.................1 大茶匙
鸡蛋液.................1/2 个蛋的量
植物油.................少许

非常适合婴儿用手抓着食用。

制作方法

1 胡萝卜去皮，煮软，捣成小块。
2 步骤 1 中加入软米饭、面粉、鸡蛋液，搅拌均匀。
3 平底锅中放入植物油，中火加热，将步骤 2 用勺子舀成直径 1.5～2cm 大小的饭团，放入锅中，两面均煎至合适程度。

肉末炖土豆
能量来源 蛋白质来源

⑨个月+

食材
土豆 ········· 65 ~ 85g
牛肉馅········15g

只要一个锅就可以
完成的简单辅食。

制作方法
❶ 土豆去皮放入锅
中，加水直至没过土
豆，煮至土豆软嫩。
❷ 步骤 ❶ 中加入牛
肉馅，搅拌的同时开
中火煮。煮沸后将汤
沫撇干净。牛肉馅煮
熟，土豆粗略捣碎。

制作时间 **15分钟**

鸡蛋大葱饭
能量来源 维生素、矿物质来源 蛋白质来源

⑪个月+

食材
鸡蛋液 ····· 1/2 个蛋的量
大葱 ········ 30g
海鲜汁 ··· 3 大茶匙
　　　多一点（80g）
软米饭（p36）
　　　····· 80g

鸡蛋要过火炒熟。

制作方法
❶ 大葱切成小碎块。
❷ 锅中加入步骤 ❶、
海鲜汁、3 大茶匙水，
开火煮。煮沸后关小
火煮 5 分钟左右，直
到大葱变软。
❸ 步骤 ❷ 中加入鸡
蛋液，混合均匀，将
鸡蛋过火炒熟。
❹ 碗中盛入软米饭，
加入步骤 ❸。

制作时间 **15分钟**

胡萝卜蒸蛋糕
能量来源 维生素、矿物质来源 蛋白质来源

⑩个月+

食材
胡萝卜·····30g
自发粉·····4 大茶匙
鸡蛋液·····1/2 个蛋的量

如果没有蒸锅，包
上保鲜膜放入微
波炉中加热 1 分半
左右也可以。

制作方法
❶ 胡萝卜去皮，擦碎。
❷ 碗中加入自发粉、
鸡蛋液、步骤 ❶、
$1\frac{1}{2}$ 大茶匙水，搅拌
均匀。
❸ 将步骤 ❷ 加入耐
热容器中，放入蒸锅
中蒸 10 分钟左右。

制作时间 **15分钟**

能量来源　蛋白质来源

香蕉松饼

10个月+

食材
香蕉 ……… 40g
自发粉 ……… 2 大茶匙
牛奶 ……… 1 大茶匙
植物油 ……… 少许

用牙签戳饼中间的地方，感觉不黏就是烤好了。

制作时间 **15分钟**

制作方法
❶ 香蕉剥皮后用叉子粗略捣碎。
❷ 碗中加入自发粉、牛奶、步骤❶，搅拌均匀。
❸ 平底锅中加入植物油烧热，将步骤❷倒入锅中，两面煎至合适程度，切成方便食用的大小。

能量来源　维生素、矿物质来源　蛋白质来源

南瓜黄豆粉燕麦片

9个月+

食材
南瓜 ……… 20g
黄豆粉 ……… 1 小茶匙
燕麦片 ……… 18 ~ 19g

做法步骤❷，用微波炉进行加热也可以。加热的过程中食材容易溢出，要使用大一点的碗状耐热容器加热 2 分钟。加热后，盛入小盘子中，盖上盖子，稍微闷一会儿。

制作时间 **12分钟**

制作方法
❶ 南瓜去皮、去籽，包上保鲜膜放入微波炉中加热 50 秒钟左右。稍微凉一会儿后，隔着保鲜膜揉碎。
❷ 锅中加 150ml 水，加入步骤❶、黄豆粉、燕麦片，开中小火，边搅拌边煮，煮沸后再加热 1 分钟左右。

能量来源　维生素、矿物质来源　蛋白质来源

西红柿金枪鱼意大利面（碎面）

10个月+

食材
西红柿 ……… 25g
金枪鱼（罐头，不用盐水泡的）……… 15g
意大利面 ……… 25g
橄榄油 ……… 少许

因为制作中用到了油，所以选择不用盐水泡的金枪鱼罐头比较好。

制作时间 **15分钟**

制作方法
❶ 意大利面折成 1.5 ~ 2cm 的小段，煮软。
❷ 西红柿去皮、去籽，切小条。金枪鱼罐头将汤汁去干净。
❸ 平底锅中加橄榄油烧热，加入步骤❷翻炒，再加入步骤❶快速翻炒。

能量来源 维生素、矿物质来源 蛋白质来源

香橙法式吐司

11 个月+

食材

方形面包	35g
鸡蛋液	1/3 个蛋的量
橙汁	2 大茶匙
黄油	少许

> 黄油要尽可能选择不加盐的，辅食阶段要严格控制盐分摄入量。

制作方法

❶ 将橙汁、1 大茶匙水倒入大盘子中，搅拌均匀。

❷ 方形面包去边，放入步骤 ❶ 中浸泡 5 分钟左右。

❸ 平底锅中加入黄油，开至中火。黄油烧至熔化、起泡之后，将步骤 ❷ 蘸着鸡蛋液下入锅中，两面煎至变色，约 4 分钟。盛出切成方便食用的大小。

制作时间 **10 分钟**

能量来源 维生素、矿物质来源 蛋白质来源

蘑菇豆奶乌冬面（碎面）

9 个月+

食材

蘑菇（香菇、口蘑等）	
	20g
豆奶（无添加）	
	2 大茶匙
海鲜汁	5 大茶匙
	多一点（80ml）
煮乌冬面	60g

> 蘑菇本身就有浓郁的香味，再加上海鲜汁，会大大提升食欲。

制作方法

❶ 蘑菇粗略切块，乌冬面切成 1 ~ 1.5cm 长的小段。

❷ 锅中加入海鲜汁、3 大茶匙水，开中火，烧开后加入步骤 ❶ 关小火煮 5 分钟左右。

❸ 步骤 ❷ 中加入豆奶，稍微煮一会儿。

制作时间 **15 分钟**

能量来源 维生素、矿物质来源

鲣鱼片青菜炒乌冬面（碎面）

11 个月+

食材

青菜（小油菜、菠菜等）	
	30g
鲣鱼片	2g
煮乌冬面	90g
植物油	少许

> 鲣鱼片直接食用是从蠕嚼期开始的，但从吞咽期开始，就可以作为海鲜汁原料给婴儿食用。到了细嚼期，就可以给婴儿食用更有嚼劲的鲣鱼片了。

制作方法

❶ 青菜过水焯一下，切成小段。乌冬面切成 1.5 ~ 2cm 长的小段。

❷ 平底锅中加入植物油烧热，加入步骤 ❶ 翻炒。

❸ 炒好后加入鲣鱼片搅拌均匀。

制作时间 **15 分钟**

将婴儿不喜欢吃的食材加入部分主食中，就会比较容易被婴儿接受。

制作时间 15分钟

 能量来源 维生素、矿物质来源 蛋白质来源

豆腐蔬菜炖菜软饭

1岁+

食材

北豆腐·········50g
扁豆、胡萝卜
·············共30g
海鲜汁·····4大茶匙
软米饭（p36）
·················90g

蔬菜不用切，大块直接煮，煮软后切取所需的量即可。

制作方法

❶ 胡萝卜去皮，和扁豆一起切碎。
❷ 锅中加入海鲜汁、步骤❶、2大茶匙水，开小火，煮到蔬菜变软。
❸ 步骤❷中加入北豆腐，用叉子将豆腐捣碎，煮1分钟左右。
❹ 软米饭盛入碗中，浇上步骤❸。

制作时间 15分钟

 能量来源 维生素、矿物质来源 蛋白质来源

牛肉软饭

1岁+

食材

瘦牛肉·········15g
洋葱··········30g
海鲜汁·····4大茶匙
软米饭（p36）
·················90g

牛肉的鲜香配上洋葱的香甜，是十分下饭的搭配。

制作方法

❶ 瘦牛肉切丝，洋葱切成小薄片。
❷ 锅中加入海鲜汁、步骤❶中的洋葱片、2大茶匙水，小火煮，直到洋葱变软。
❸ 步骤❷中加入步骤❶中的牛肉丝，煮沸后，撇净汤沫，煮至牛肉丝软烂。
❹ 软米饭盛入碗中，浇上步骤❸。

制作时间 12分钟

 能量来源 维生素、矿物质来源 蛋白质来源

纳豆韭菜炒饭

1岁3个月+

食材

纳豆··········20g
韭菜··········30g
米饭··········80g
芝麻油·········少许

纳豆炒过之后可以去掉臭味，更容易食用。

制作方法

❶ 韭菜切碎。
❷ 平底锅中加入芝麻油开中火烧热，加入韭菜快速翻炒。
❸ 步骤❷中加入纳豆和米饭，炒1分钟左右。

能量来源 **维生素、矿物质来源** **蛋白质来源**

鲑鱼青菜烩饭

食材
鲑鱼 …………… 20g
洋葱 …………… 30g
香菇 …………… 10g
米饭 …………… 80g
黄油 …………… 少许

制作方法
❶ 鲑鱼去皮去骨，切碎。洋葱、香菇洗净切碎。
❷ 在耐热容器中加入步骤❶、黄油，包上保鲜膜放入微波炉中加热 1 分钟左右。
❸ 将步骤❷ 加入米饭中，搅拌均匀。

制作时间
10 分钟

能量来源 **维生素、矿物质来源** **蛋白质来源**

西红柿焗面包片

1 岁 +

食材
番茄汁（不含盐）
…………… 1/2 杯（100ml）
方形面包 …… 50g
鸡蛋液 …… 2/3 个蛋的量

番茄汁最好选择不含盐的。

制作方法
❶ 方形面包去边，撕碎后放入耐热容器中。
❷ 碗中加入鸡蛋液、番茄汁，搅拌均匀。
❸ 将步骤❷ 涂抹在步骤❶ 上，抹匀，放置 5 分钟左右，之后放入烤箱中烤 7 分钟左右，直到鸡蛋烤熟。

制作时间
10 分钟

能量来源 **维生素、矿物质来源** **蛋白质来源**

烤面包配酸奶蔬果羹

1 岁 3 个月 +

食材
方形面包 ……… 50g
苹果 …………… 10g
胡萝卜 ………… 40g
发酵型酸奶 …… 50g
砂糖 …………… 3g

这一时期，方形面包不去边，婴儿用牙龈也可以磨碎食用。实际上，面包边比白色的部分更容易被消化吸收。

制作方法
❶ 苹果、胡萝卜去皮，煮软，粗略切碎。
❷ 容器中放入过滤器，倒入酸奶，放入冰箱里冷藏 15 分钟左右。
❸ 步骤❶、步骤❷ 加入砂糖混合，搅拌至顺滑。
❹ 方形面包用烤箱稍微烤一会儿，撕成容易食用的大小，放入盘中。

制作时间
20 分钟

能量来源　维生素、矿物质来源　蛋白质来源　　　1岁+

蘑菇鸡蛋乌冬面

食材

蘑菇（香菇、口蘑等）
　　　　　30g
鸡蛋液……1/2 个蛋的量
海鲜汁……1/2 杯(100ml)
乌冬面……100g

> 这一时期，婴儿会更加体会到食用蘑菇的绝佳口感。再配上鸡蛋的香味，是婴儿非常喜爱的辅食。

制作时间
15 分钟

制作方法

❶ 蘑菇粗略切碎，乌冬面切成 2cm 长。

❷ 锅中加入步骤 ❶、海鲜汁、1/4 杯水，小火煮 5 分钟左右，直到乌冬面变软。

❸ 步骤 ❷ 中加入鸡蛋液，开火至鸡蛋煮熟为止。

能量来源　维生素、矿物质来源　蛋白质来源　　　1岁+

白菜猪肉炒乌冬面

食材

白菜 …………… 30g
瘦猪肉 ………… 15g
芝麻油 ………… 少许
水淀粉（淀粉：水 =
1 ：2 ）…………… 适量
煮熟的乌冬面 … 100g

制作方法

❶ 白菜、瘦猪肉切碎，乌冬面切成 2cm 长。

❷ 平底锅中加入芝麻油，开中火烧热，加入

制作时间
15 分钟

乌冬面快速翻炒，加 1 大茶匙水，继续翻炒至水干，盛入容器中。

❸ 平底锅简单擦干净后，再起火，加入少量芝麻油，油热后加入白菜、瘦猪肉翻炒。

❹ 步骤 ❸ 中加入 1/3 杯水，煮至白菜变软，完成后加入水淀粉勾芡，浇在步骤 ❷ 上。

能量来源　蛋白质来源　　　1岁+

玉米松饼

食材

奶油玉米（罐头）
　　　　　2 大茶匙
自发粉……4 大茶匙
鸡蛋液……1/3 个蛋的量
植物油……少许

> 用牙签戳饼中间的地方，感觉不黏就是烤好了。

制作时间
10 分钟

制作方法

❶ 奶油玉米用筛网过滤。

❷ 碗中加入步骤 ❶、自发粉、鸡蛋液和 1 大茶匙水，搅拌均匀。

❸ 平底锅中加入植物油，中火加热，将步骤 ❷ 倒入锅中，两面煎熟盛出，切成容易食用的大小。

能量来源 维生素、矿物质来源
土豆胡萝卜煎饼
1岁+

食材

土豆··············140g
胡萝卜··············30g
芝麻油··············少许

> 为了避免芝麻油过量，可使用计量勺等计量工具，调整量的多少。

制作方法

❶ 胡萝卜去皮，煮软，捣成小块。

❷ 土豆去皮、擦碎，把水分去掉，加入步骤 ❶ 搅拌。

❸ 平底锅中加入芝麻油，开中火烧热，倒入步骤 ❷，两面煎熟，盛出切成容易食用的大小。

制作时间
20分钟

能量来源 维生素、矿物质来源 蛋白质来源
金枪鱼洋葱炒挂面
1岁+

食材

金枪鱼（罐头）······15g
洋葱··············30g
挂面··············30g
芝麻油··············少许

> 挂面只需 1~2 分钟就可以煮熟，不用花费太长时间，所以是忙碌时候的绝佳选择。但是，要注意的是，挂面其实盐分含量很高。这道辅食用到了油，所以最好选择不用盐水泡的金枪鱼罐头。如果选择油浸金枪鱼罐头，需要用餐巾纸将油吸干。

制作方法

❶ 挂面煮软，切成2cm 长。

❷ 洋葱切成薄片后再切成小条。

❸ 平底锅中加入芝麻油，中火烧热，放入洋葱翻炒，直至洋葱变软。

❹ 步骤 ❸ 中加入金枪鱼和挂面，继续翻炒。

制作时间
15分钟

能量来源 维生素、矿物质来源 蛋白质来源
意大利肉酱面
1岁3个月+

食材

意大利面·······35g
洋葱··············30g
混合肉馅（牛肉和猪肉）
··············15g
番茄汁（不含盐）
··············1/3 杯（70ml）
橄榄油··············少许

> 西红柿中含有的番茄红素，具有抗氧化、预防感冒的作用。比起生吃，选择番茄汁等加工产品，既高效，又能充分摄取营养。

制作方法

❶ 洋葱切碎，意大利面折成 2cm 长。

❷ 平底锅中加入橄榄油，中火烧热，加入混合肉馅、步骤 ❶，炒 2 分钟左右。

❸ 步骤 ❷ 中加入番茄汁，煮 2 分钟左右。

❹ 意大利面煮软，盛入容器中，浇上步骤 ❸。

制作时间
20分钟

蔬菜和菌类

植物纤维较多的蔬菜，烹饪方法上多花一些心思，
就会让食材变得容易食用

富含维生素、矿物质的蔬菜、菌类，有利于改善身体状况，增强免疫力。

蔬菜粗略分类，可分为黄绿色蔬菜和浅色蔬菜。辅食期，应当多食用富含β-胡萝卜素、维生素、矿物质的黄绿色蔬菜。

蔬菜、菌类中植物纤维较多，因此烹饪的关键应是让这些食材变得容易食用。为了让婴儿容易吞咽并且容易消化，要将食材煮软、捣碎等，配合各个时期来进行初步处理。婴儿对食物的喜好，主要就取决于食物是否易于食用。让我们多尝试一些烹饪方法，让辅食更受欢迎吧！

小知识

黄绿色蔬菜即胡萝卜素含量较多的蔬菜（相当于100g中含胡萝卜素600mg）。胡萝卜素是植物为了保护自身而形成的色素，具有抗氧化作用。黄绿色蔬菜中的胡萝卜素在人体内也可以发挥较强的抗氧化作用。

黄绿色蔬菜

南瓜　胡萝卜　菠菜
青椒　小油菜　西红柿
西蓝花　　扁豆

黄绿色蔬菜中，不仅胡萝卜素含量丰富，还富含钙、铁，因此建议多多食用。胡萝卜素如果和脂肪（鱼、肉、乳制品、油）一起食用，更容易被吸收。

浅色蔬菜

白菜　白萝卜　莲藕
大头菜　茄子　黄瓜
　　　　甘蓝

浅色蔬菜中，甘蓝、菜花等维生素C含量丰富，大头菜、白菜等涩味较少，可以说是容易烹饪的蔬菜。

烹饪小窍门

辅食期蔬菜的烹饪方法

菠菜等带叶蔬菜，要将茎、叶分开，蠕嚼期以前只可以给婴儿食用叶子部分。带叶蔬菜以外的蔬菜可以整体加热，营养不容易流失，味道也更鲜美，建议整体加热后再切碎或捣碎。

吞咽期
蠕嚼期
只食用菜叶部分

蔬菜整体煮软后再切碎

烹饪专家的建议

宝宝不爱吃蔬菜该怎么办？

辅食期，不要去勉强婴儿克服挑食的问题，将快乐进食放在第一位。建议把蔬菜做成糊，与粥等婴儿喜欢的食物混在一起。婴儿对食物的喜好是会变化的，随着月龄的增加，不喜欢的食物也可能开始食用。

主要食材

胡萝卜　南瓜　大头菜　西红柿　白菜　菠菜　彩椒　西蓝花　小油菜

先从胡萝卜、南瓜等没有什么涩味的蔬菜开始尝试，慢慢摸索婴儿喜欢的口味。

维生素、矿物质来源

煮大头菜海鲜汤

6个月+

食材

大头菜……5～10g
海鲜汁……1大茶匙

> 口感鲜嫩、味道甘甜的大头菜是适合辅食期食用的食材。

制作方法

❶ 大头菜去皮时多去一点，切块。
❷ 锅中加入步骤❶、海鲜汁、3大茶匙水，开小火，煮至大头菜变软。
❸ 煮好后捣成泥状。

制作时间
10分钟

维生素、矿物质来源　蛋白质来源

豆腐南瓜泥

6个月+

食材

豆腐（过滤）
　　……（1/3）～（1/2）
　　　　茶匙
南瓜……5～10g

> 仔细搅拌，不要让豆腐的豆腐渣残留。

制作方法

❶ 南瓜去籽，煮软，去皮，捣成泥状。
❷ 将步骤❶、豆腐、1/2大茶匙水加入锅中，搅拌均匀，包上保鲜膜，放入微波炉中加热30秒钟左右。

制作时间
15分钟

维生素、矿物质来源　蛋白质来源

西蓝花黄豆粉糊

6个月+

食材

西蓝花……5～10g
黄豆粉……1/2小茶匙

> 西蓝花不容易保鲜，制作辅食时要注意使用新鲜的。

制作方法

❶ 西蓝花整棵煮软（煮好后的汤汁盛出备用），切下花头部，捣碎。
❷ 步骤❶中加入黄豆粉，用适量煮西蓝花用的汤汁进行稀释。

制作时间
10分钟

维生素、矿物质来源

西红柿碎汤

食材

西红柿 ···········5 ~ 10g
水淀粉（淀粉：水＝
1 : 2）·········少许

> 如果黏稠度不够，
> 可以放入微波炉中
> 再加热 10 秒钟左右。

制作时间
10 分钟

制作方法

❶ 西红柿去皮去籽，用筛网过滤。
❷ 耐热容器中加入步骤 ❶、1¹⁄₂ 大茶匙水，放入微波炉中加热 20 秒钟左右。加入水淀粉快速搅拌，直到打成糊状。

维生素、矿物质来源 蛋白质来源

白菜炖豆腐

食材

白菜（菜心部分）
··········5 ~ 10g
嫩豆腐 ····· 5 ~ 25g
海鲜汁 ···· 1 小茶匙

> 白菜没有什么涩味，
> 是容易食用的食材
> 之一。

制作时间
10 分钟

制作方法

❶ 白菜煮软，嫩豆腐用水焯一下。
❷ 将步骤 ❶ 分别过滤，搅拌在一起。
❸ 步骤 ❷ 中加入海鲜汁，放入耐热容器中并包上保鲜膜，放入微波炉中加热 15 秒钟左右。

维生素、矿物质来源 蛋白质来源

生菜小沙丁鱼干糊

食材

生菜 ···········5 ~ 10g
小沙丁鱼干 ····5 ~ 10g

> 生菜用文火加热一
> 下，更易捣碎。

制作时间
15 分钟

制作方法

❶ 小沙丁鱼干加入 1/2 杯热水中，放置 5 分钟，去除盐分，沥干水分。
❷ 生菜煮软，过滤，捣成泥状。
❸ 步骤 ❷ 中加入步骤 ❶，捣碎，搅拌均匀。

维生素、矿物质来源 蛋白质来源

鲷鱼胡萝卜

食材
鲷鱼 ·········· 5～10g
胡萝卜 ········ 5～10g

> 胡萝卜和鲷鱼用同
> 一个锅煮，更节省
> 时间。

制作方法
❶ 胡萝卜去皮，煮软，
煮的过程中加入鲷
鱼，再稍煮一会儿（煮
好后的汤盛出备用）。
❷ 胡萝卜擦碎，加
入鲷鱼进一步捣碎，
如果感觉较硬，加入
煮食材用的汤汁进行
稀释。

制作时间 **10 分钟**

维生素、矿物质来源 蛋白质来源

豆奶菠菜汤

食材
豆奶（无添加）
·········· 1 小茶匙～
············ 1 大茶匙
菠菜（叶）······· 5～10g

> 菠菜去掉涩味后
> 更容易食用，加入
> 豆奶口感更温润。

制作方法
❶ 菠菜叶煮软，过滤，
捣碎。
❷ 步骤❶ 中加入豆
奶稀释，放入耐热容
器中，包上保鲜膜放
入微波炉中加热 10
秒钟左右。

制作时间 **10 分钟**

维生素、矿物质来源

彩椒香橙糊

食材
彩椒 ········· 5～10g
橙汁 ········ 1 小茶匙

> 微微的酸味加上甜
> 味，不言而喻的清
> 爽口感!

制作方法
❶ 彩椒用削皮刀去
皮，去籽，煮软，捣碎。
❷ 步骤❶ 中加入橙
汁，搅拌均匀。

制作时间 **15 分钟**

7~8个月　蠕嚼期

主要食材　吞咽期 p56 ＋　卷心菜　白萝卜　洋葱　芦笋　秋葵　青椒　黄瓜　大葱　菌类　菜花

如果婴儿不太喜欢吃蔬菜，那就勾芡试试。有时候婴儿并不是讨厌蔬菜的味道，而是讨厌它的口感。

制作时间 10分钟

维生素、矿物质来源　蛋白质来源

胡萝卜纳豆

7 个月+

食材
胡萝卜…………15g
纳豆碎…………12g

制作方法
❶ 胡萝卜去皮，煮软，擦碎。纳豆碎放入耐热容器中，放入微波炉中加热15秒钟左右。
❷ 步骤❶ 中加入纳豆碎，搅拌均匀。

纳豆营养价值非常高，是推荐多食用的食材。这一时期，颗粒细小的纳豆碎非常方便。

制作时间 10分钟

维生素、矿物质来源　蛋白质来源

小油菜豆奶海鲜汁

7 个月+

食材
小油菜（叶）
…………15g
豆奶（无添加）
…………3大茶匙
海鲜汁……2大茶匙

制作方法
❶ 小油菜煮软，切碎。
❷ 锅中放入步骤❶、海鲜汁，倒水直到没过食材，小火煮1分钟左右。
❸ 步骤❷ 中加入豆奶，再煮1分钟左右。

小油菜也属于青菜中涩味较少的一种，非常适合辅食期食用。这一时期，较嫩的油菜叶部分可以给婴儿食用。

制作时间 10分钟

维生素、矿物质来源　蛋白质来源

西蓝花拌酸奶

7 个月+

食材
西蓝花…………15g
发酵型酸奶 …50g

制作方法
❶ 西蓝花整棵煮软，切下花头部分。
❷ 步骤❶ 中加入酸奶，搅拌均匀。

有的婴儿不喜欢西蓝花的口感，可以加入酸奶搅拌，进行勾芡。

维生素、矿物质来源 蛋白质来源

白萝卜纳豆汤

食材
白萝卜······15g
纳豆碎······12g
海鲜汁······1/4 杯（50ml）

制作方法
❶ 白萝卜去皮，煮软，捣成碎块。
❷ 锅中加入步骤❶、纳豆碎、海鲜汁，小火稍稍加热。

制作时间
10 分钟

维生素、矿物质来源 蛋白质来源

茄子炖小沙丁鱼干

食材
茄子 ······15g
小沙丁鱼干 ······15g

> 如果想要快速处理茄子，不焯水去掉涩味也没有关系。

制作方法
❶ 杯中加入 1/2 杯热水，加入小沙丁鱼干，泡 5 分钟左右，去除盐分，沥干水分。
❷ 茄子去皮，用保鲜膜包好放入微波炉中加热 20 秒钟左右。
❸ 步骤❶和步骤❷搅拌均匀，捣碎，加入 1 大茶匙水，使口感更顺滑。

制作时间
10 分钟

能量来源 维生素、矿物质来源 蛋白质来源

芦笋土豆沙拉

食材
芦笋 (笋头部)···15g
土豆 ······45g
发酵型酸奶 ······50g

> 芦笋放久后，纤维物质会增多，因此要选择新鲜的。

制作方法
❶ 土豆去皮，煮软。芦笋去掉皮较硬的部分，煮软。
❷ 芦笋切碎。
❸ 用叉子将步骤❶和步骤❷捣碎，加入酸奶，搅拌均匀。

制作时间
15 分钟

维生素、矿物质来源　蛋白质来源

7
个月+

西红柿白肉鱼汤

食材

西红柿…………15g
白肉鱼（鲷鱼等）
…………15g
水淀粉（淀粉：水 =
1 : 2）…………少许

> 白肉鱼勾芡处理后
> 的口感更适宜婴儿
> 食用。

制作方法

❶ 西红柿去皮，去籽，
擦碎。白肉鱼切成小块。
❷ 锅中加入步骤 ❶ 和
1/3 杯水，中火烧开。白
肉鱼快速煮熟，一边加
入水淀粉一边快速搅拌，
勾芡。

制作时间
10分钟

能量来源　维生素、矿物质来源

8
个月+

口蘑炖白薯

食材

口蘑…………20g
白薯…………70g

> 白薯去皮后口感更
> 好，婴儿更容易
> 食用。

制作方法

❶ 口蘑切碎。
❷ 白薯去皮，切成1cm
厚的薄圆片。锅中加入
可以没过白薯的水，开
小火，煮至白薯变软。
❸ 步骤 ❷ 中加入步骤
❶ 煮 1 分钟左右，用叉
子将白薯捣碎。

制作时间
15分钟

维生素、矿物质来源　蛋白质来源

8
个月+

鸡脯肉彩椒卤汁

食材

鸡脯肉…………15g
彩椒…………20g
水淀粉（淀粉：水 =
1 : 2）…………少许

> 有的婴儿不喜欢鸡
> 脯肉的口感，可以
> 捣成细碎状后进
> 行勾芡。

制作方法

❶ 彩椒用削皮器去皮，去
籽，煮软后擦碎。
❷ 锅中加入 1/2 杯水，
加入鸡脯肉煮熟后取出，
捣碎。
❸ 步骤 ❷ 的锅中加入鸡
脯肉和步骤 ❶ 再次开中
火煮，倒入水淀粉勾芡。

制作时间
15分钟

白菜炖鲑鱼

`维生素、矿物质来源` `蛋白质来源`

食材

白菜（叶）········20g
鲑鱼 ············15g

> 鲑鱼去骨去皮非常困难。若使用生鱼片，量也合适，非常推荐。

制作方法

❶ 白菜切碎，鲑鱼去骨去皮。
❷ 锅中加入白菜和没过白菜的水，开小火，煮至白菜变软。
❸ 加入鲑鱼煮熟，用叉子捣碎。

制作时间 **10** 分钟

洋葱黄油羹

`维生素、矿物质来源`

食材

洋葱 ············20g
黄油 ············少许

> 黄油应选用无盐黄油。若使用含盐黄油，一定要控制好量。

制作方法

❶ 洋葱煮软，切碎。
❷ 锅中加入步骤❶、黄油和可以没过食材的水，开中火煮3分钟左右。

制作时间 **10** 分钟

卷心菜拌豆腐

`维生素、矿物质来源` `蛋白质来源`

食材

卷心菜········20g
嫩豆腐·········40g

> 这一时期，不要使用北豆腐，选择口感更好的嫩豆腐比较适合。

制作方法

❶ 卷心菜煮软，切碎。
❷ 豆腐焯一下水，稍晾凉后捣碎，加入步骤❶搅拌均匀。

制作时间 **10** 分钟

(9 ~ 11个月) **细嚼期**

主要食材 吞咽期 p55 + 蠕嚼期 p58 + 莲藕 牛蒡 茄子 裙带菜

蔬菜的形状更加丰富。让婴儿了解各种蔬菜的不同口感。

维生素、矿物质来源 蛋白质来源

9个月+

胡萝卜碎鸡蛋卷

食材
胡萝卜⋯⋯⋯ 20g
鸡蛋液⋯⋯⋯ 1/2 个蛋的量
植物油⋯⋯⋯ 少许

> 即使是不喜欢胡萝卜的婴儿，做成鸡蛋卷后，也可能变得喜欢食用。

制作方法
❶ 胡萝卜去皮，擦碎后放入耐热容器中，包上保鲜膜放入微波炉中加热 30 秒钟左右。
❷ 将步骤 ❶ 和鸡蛋液搅拌均匀。
❸ 平底锅中放入植物油，中火烧热，倒入步骤 ❷ 煎熟，切成适宜食用的大小。

制作时间 **10分钟**

维生素、矿物质来源

9个月+

南瓜泥

食材
南瓜⋯⋯⋯⋯⋯ 20g
黄油⋯⋯⋯⋯⋯ 少许

> 黄油要选用无盐的。如果用含盐的黄油，要控制好量。

制作方法
❶ 南瓜去皮，去籽，切成 5 ~ 7mm 的薄片。
❷ 锅中加入步骤 ❶、黄油，倒水至没过食材，开小火，煮至南瓜变软。用叉子将南瓜捣碎。

制作时间 **10分钟**

维生素、矿物质来源 蛋白质来源

9个月+

蘑菇牛奶汤

食材
蘑菇⋯⋯⋯ 20g
牛奶⋯⋯⋯ 4 大茶匙
黄油⋯⋯⋯ 少许
面粉⋯⋯⋯ 1/2 小茶匙

> 蘑菇不太容易弄成糊状，但为了方便饮用，要切得碎一些。

制作方法
❶ 蘑菇切碎。
❷ 锅中加入黄油，小火加热，熔化后加入步骤 ❶ 快速翻炒。
❸ 倒入面粉，搅拌均匀，加入牛奶和 1 大茶匙水，不时搅拌，小火煮 2 分钟左右。

制作时间 **12分钟**

蔬菜煮豆腐

食材
北豆腐 …… 45g
小油菜 …… 20g
海鲜汁 …… 1/2 杯（100ml）

> 小油菜等蔬菜较难食用，可以用菜刀轻轻拍打菜叶部分，让其变得更加软嫩。

制作方法
❶ 小油菜粗略切碎。
❷ 锅中加入海鲜汁，中小火加热，煮沸后加入步骤❶，煮至小油菜变软。
❸ 北豆腐切成边长 1cm 的小块放入锅中，快速加热一下。

制作时间 **15 分钟**

菜花煨白肉鱼

食材
菜花 …… 20g
白肉鱼 …… 15g
面粉 …… 1 小茶匙
植物油 …… 少许

> 菜花富含维生素 C，且加热后也不易流失，是营养价值很高的食材。

制作方法
❶ 菜花快速用水煮一下，切碎。白肉鱼切成边长 7mm 的小块。
❷ 平底锅中加入植物油，中火烧热，加入步骤❶ 中的菜花，快速翻炒。
❸ 面粉边加边搅拌，加入 1/2 杯水煮成芡汁。勾芡后加入步骤❶ 中的白肉鱼，鱼肉煮熟。

制作时间 **15 分钟**

青椒西红柿羹

食材
青椒 …… 20g
番茄汁（不加盐）
…… 3 大茶匙
橄榄油 …… 少许

> 青椒加热之后，特有的气味可以被中和，使其更加温润。

制作方法
❶ 青椒去蒂、去核，切成边长 5mm 的小块。
❷ 锅中加入橄榄油，中火烧热，加入青椒块快速翻炒。
❸ 加入番茄汁、3 大茶匙水，将青椒煮至软嫩。

制作时间 **15 分钟**

制作时间
15分钟

维生素、矿物质来源 蛋白质来源

香软白菜奶酪烧

10
个月+

食材
白菜 ·············· 25g
奶酪粉 ············· 1g

奶酪粉中微微带有咸味，因此为了防止盐分摄入过量，要控制好盐的用量。

制作方法
❶ 白菜煮软，切成边长5 ~ 7mm的片。
❷ 将步骤❶铺在耐热容器中，撒上奶酪粉，放入烤箱中烤至白菜变色，约5分钟。

制作时间
15分钟

维生素、矿物质来源 蛋白质来源

鸡肉炖大葱

10
个月+

食材
鸡腿肉 ············· 15g
大葱 ·············· 25g

大葱有辣味，并且不易咀嚼，但加热后这些问题就不存在了。不仅甜味会增加，还会更加软嫩。

制作方法
❶ 鸡腿肉去皮、去脂肪，切成边长5 ~ 7mm的小块。
❷ 大葱切成5 ~ 7mm长的段。
❸ 锅中加入步骤❶和步骤❷，添水至没过食材，小火煮至大葱变软。

制作时间
12分钟

维生素、矿物质来源 蛋白质来源

黄瓜鸡脯肉浓汤

10
个月+

食材
黄瓜 ·············· 20g
鸡脯肉 ············· 15g
水淀粉（淀粉：水 =
1：2）·········· 少许
芝麻油 ············ 少许

黄瓜皮较硬，因此需去皮。并且细嚼期之前应将黄瓜加热后再给婴儿食用。

制作方法
❶ 黄瓜去皮，切成小段，每小段再切成4等份，切成薄片。鸡脯肉切小块。
❷ 锅中加入1/2杯水，中小火加热，煮沸后加入步骤❶再煮1分钟左右。加入水淀粉勾芡，完成后淋上芝麻油。

维生素、矿物质来源 蛋白质来源

洋葱炒牛肉末

10 个月+

食材
洋葱 ……… 25g
牛肉馅 ……… 15g
面粉 ……… 1/2 小茶匙
植物油 ……… 少许

制作方法
❶ 洋葱切碎。
❷ 平底锅中加入植物油，中火烧热，加入步骤 ❶ 和牛肉馅炒 3 分钟左右。肉熟后，将面粉均匀撒入锅中，快速搅拌，加入 1/2 大茶匙水煮 1 分钟左右。

制作时间 **12 分钟**

维生素、矿物质来源 蛋白质来源

小白菜炖牛肉

10 个月+

食材
小白菜 ……… 25g
瘦牛肉 ……… 15g
芝麻油 ……… 少许
水淀粉（淀粉：水 = 1：2）……… 少许

制作方法
❶ 小白菜和瘦牛肉切碎。

❷ 锅中加入芝麻油，中火烧热，加入小白菜快速翻炒。加入 1/2 杯水，煮沸后关小火煮 2 分钟左右。加入瘦牛肉，撇净汤沫，煮至牛肉软烂。
❸ 加入水淀粉，快速搅拌，勾芡。

制作时间 **12 分钟**

能量来源 维生素、矿物质来源 蛋白质来源

鲣鱼片卷心菜大阪烧

10 个月+

食材
卷心菜 ……… 25g
鲣鱼片 ……… 1 小撮
鸡蛋液 ……… 1/3 个蛋的量
面粉 ……… 3 大茶匙
植物油 ……… 少许

> 大阪烧是非常合适用手抓着吃的辅食。可以尝试切成条形或者三角形等各种各样的形状。

制作方法
❶ 卷心菜煮软，切成细丝。
❷ 碗中加入步骤 ❶、鲣鱼片、鸡蛋液、面粉、2 大茶匙水，搅拌均匀。
❸ 平底锅中加入植物油，中小火加热，倒入步骤 ❷，两面煎熟，切成容易食用的大小。

制作时间 **15 分钟**

主要食材　吞咽期 p55　+　蠕嚼期 p58　+　细嚼期 p62　+　与到细嚼期为止大致相同的食材

这一时期，婴幼儿对食物的喜好更加明显。尝试各种各样的烹饪方法，让宝宝不偏食，可以吃更多的蔬菜。

维生素、矿物质来源

宝宝关东煮

1岁+

食材
白萝卜…20g
胡萝卜…10g
海鲜汁…1/2 杯（100ml）

这是一道既适合宝宝用勺子，也适合用手抓着吃的辅食。

制作时间
20 分钟

制作方法
❶ 白萝卜、胡萝卜去皮，煮软，分别切成边长 1cm 左右的小块。
❷ 锅中加入步骤 ❶ 和海鲜汁，小火煮 3 分钟左右。

维生素、矿物质来源　蛋白质来源

西红柿炒鸡蛋

1岁+

食材
西红柿…　30g
鸡蛋液…　1/2 个蛋的量
植物油…　少许

西红柿的酸味加热后可以适当去除，搭配鸡蛋，会变得更加容易食用。

制作时间
10 分钟

制作方法
❶ 西红柿去皮，去籽，切成边长 7mm 左右的小块。
❷ 平底锅中加入植物油，中火烧热，加入西红柿快速翻炒。
❸ 加入鸡蛋液，鸡蛋炒熟。

维生素、矿物质来源　蛋白质来源

菠菜炒豆腐

食材
菠菜…………30g
北豆腐…………50g
芝麻油…………少许

这一时期，菠菜梗也可以开始食用。菠菜含铁丰富，要多多给宝宝食用。

制作时间
15 分钟

制作方法
❶ 菠菜快速焯一下，切碎。
❷ 平底锅中加入芝麻油，中火烧热，加入步骤 ❶ 翻炒。
❸ 加入北豆腐，用炒勺边捣碎边炒 1 分钟左右。

南瓜奶酪烧

食材

南瓜 ⋯⋯⋯ 30g
奶酪粉 ⋯⋯ 1 小茶匙
橄榄油 ⋯⋯ 少许

> 南瓜种类不同，水
> 分含量也不同，要
> 根据南瓜的种类调
> 整加热时间。

制作方法

❶ 南瓜去皮，去籽，包上
保鲜膜放入微波炉中加热
1 分钟左右。稍微晾凉后，
切成边长 1cm 的小块。

❷ 平底锅中加入橄榄油，
中火烧热，加入步骤 ❶
快速翻炒，炒熟后撒入奶
酪粉，搅拌均匀。

制作时间
10 分钟

香菇炖金枪鱼

食材

香菇 ⋯⋯⋯ 30g
金枪鱼 ⋯⋯ 15g
海鲜汁 ⋯⋯ 6 大茶匙

> 鲜香菇香味浓郁，
> 也是可以用来制作
> 海鲜汁的食材，可
> 以好好利用。

制作方法

❶ 香菇、金枪鱼切成边长
1cm 的小块。

❷ 锅中加入海鲜汁，开中
火，煮沸后加入步骤 ❶
煮一小会儿。

制作时间
10 分钟

西葫芦鸡蛋羹

食材

西葫芦 ⋯⋯ 30g
鸡蛋液 ⋯⋯ 1/3 个蛋的量
牛奶 ⋯⋯⋯ 2 大茶匙
橄榄油 ⋯⋯ 少许

> 若没有蒸锅，包上
> 保鲜膜用微波炉加
> 热 1 分钟左右也
> 可以。

制作方法

❶ 西葫芦切成薄圆片，再
切碎。

❷ 平底锅中加入橄榄油，
中火烧热，加入步骤 ❶ 翻
炒 1 分钟左右，稍微晾凉。

❸ 碗中加入步骤 ❷、鸡
蛋液、牛奶，搅拌均匀。

❹ 盛入耐热容器，包上
锡纸放入已经冒气的蒸锅
中，蒸 5 分钟左右，直至
鸡蛋液凝固。

制作时间
10 分钟

维生素、矿物质来源　蛋白质来源

胡萝卜炖鸡肉

1岁+

食材

胡萝卜·················30g

鸡腿肉·················15g

制作时间
15分钟

制作方法

❶ 胡萝卜去皮，煮软，用叉子等工具捣碎成容易食用的程度。

❷ 鸡腿肉去皮、去脂肪，切成边长 0.7 ~ 1cm 的小块。

❸ 锅中加入步骤 ❶ 和步骤 ❷，添水至没过食材，开火煮，至鸡肉煮熟。

维生素、矿物质来源　蛋白质来源

韭菜炒鸡肝

1岁+

食材

韭菜·················30g

鸡肝·················15g

芝麻油·················少许

鸡肝、猪肝、牛肝中，鸡肝是最软嫩的，比较容易烹饪。

制作时间
15分钟

制作方法

❶ 韭菜切小段，鸡肝用水泡 5 分钟左右，拭去水分，切成边长 0.7 ~ 1cm 的小块。

❷ 平底锅中加入芝麻油，中火烧热，加入步骤 ❶ 快速翻炒，添 2 大茶匙水继续翻炒，至鸡肝炒熟。

维生素、矿物质来源　蛋白质来源

肉末茄子

1岁+

食材

茄子·················30g

瘦猪肉馅 ·················15g

水淀粉（淀粉：水 = 1：2）·················少许

猪肉馅去掉肉腥味，更容易食用。

制作时间
10分钟

制作方法

❶ 茄子去皮，用保鲜膜包好，放入微波炉中加热 1 分钟左右。稍微晾凉后，切成边长 1cm 的小块。

❷ 锅中加入 1/3 杯水，中火烧开，加入瘦猪肉馅，撇净汤沫，加入水淀粉勾芡。

❸ 步骤 ❶ 盛入容器中，浇上步骤 ❷。

维生素、矿物质来源 **蛋白质来源**

洋葱拌金枪鱼

食材
洋葱 ·········· 40g
金枪鱼罐头（油浸）
·········· 20g

这一时期，可以开始让宝宝食用油浸金枪鱼罐头，但是要仔细将油滤干净。

制作方法
❶ 洋葱煮软，切碎。金枪鱼将油过滤干净后备用。
❷ 将金枪鱼和洋葱搅拌均匀。

制作时间 **10分钟**

维生素、矿物质来源 **蛋白质来源**

芦笋炒豆腐

食材
芦笋 ·········· 40g
豆腐（过滤）
·········· 1 小茶匙
橄榄油 ·········· 少许

芦笋中富含 β - 胡萝卜素，和橄榄油一起食用更有利于吸收。另外，食用豆腐可以摄取植物性蛋白质，是非常健康的食材。

制作方法
❶ 芦笋去掉皮较硬的部分，煮软，切成边长 1cm 的小块。
❷ 平底锅中加入橄榄油，中火烧热，加入芦笋快速翻炒，加入豆腐搅拌均匀。

制作时间 **10分钟**

维生素、矿物质来源 **蛋白质来源**

青椒炒猪肉丝

食材
青椒 ·········· 40g
瘦猪肉 ·········· 20g
淀粉 ·········· 少许
芝麻油 ·········· 少许

如果宝宝不喜欢吃青椒，不妨先从没有苦味的彩椒开始试试看。

制作方法
❶ 青椒去蒂、去籽，切成 2cm 长的丝。瘦猪肉切小块，裹上淀粉。
❷ 平底锅中加入芝麻油，中火烧热，加入步骤 ❶ 快速翻炒。添 2 大茶匙水，继续翻炒，至青椒炒熟。

制作时间 **15分钟**

肉类

把握好适合食用的肉的添加顺序和量，按照要求给婴儿食用

可以作为主菜的食材应是蛋白质含量丰富的食品。其中最有代表性的就是肉类。鸡肉、牛肉、猪肉等，主要成分都是蛋白质和脂类。

蛋白质是人体重要的营养素，蛋肉类较软的部分都含有较多脂类，除了鸡脯肉以外，较晚开始给婴儿食用比较好。为了不给婴儿的内脏造成负担，应按照脂类含量由少到多的顺序来给婴儿食用。另外，肉类加热之后会变硬，婴儿在还不适应的时候，可能会不喜欢吃。因此，如何将肉处理得软嫩，就是烹饪的关键。可以勾芡或是和含淀粉的食品搭配在一起进行烹饪。

这种肉，什么时候起可以吃？

	鸡脯肉（小鸡胸肉）	鸡肉（胸肉、腿肉）	牛肉（瘦肉）	猪肉（瘦肉）	肉馅	香肠和火腿
6个月左右 吞咽期	✕	✕	✕	✕	✕	✕
7~8个月 蠕嚼期	〇	△	△	△	△	✕
9~11个月 细嚼期	〇	〇	〇	〇	〇	✕
1岁~1岁半 咀嚼期	◎	◎	◎	◎	◎	◎
注意	脂肪含量少的鸡脯肉，可以从蠕嚼期开始食用。	婴儿习惯了吃鸡脯肉以后，可以开始食用鸡胸肉，从细嚼期开始，鸡腿肉也可以食用，但要去掉皮和脂肪。	牛肉的铁含量丰富，蠕嚼期开始可以食用瘦牛肉。	脂肪含量较多的，应在习惯了食用瘦牛肉以后再食用瘦猪肉。	脂肪含量较多，要注意，从蠕嚼期开始食用。	脂肪含量较多，应选择添加剂少的少量食用。

烹饪小窍门

将肉的纤维切碎，勾芡

肉在加热后，纤维会紧缩，变硬，放冷之后会变得干巴巴的。将肉的纤维切碎后再进行烹饪，同时进行勾芡是个好办法。和蔬菜一起烹饪的时候，勾芡后蔬菜的温润口感也会增加，更容易食用。

不爱吃肉的宝宝

● 加热时间不要过久
● 勾芡会让口感更好

烹饪专家的建议

首先是体验！让我们去尝试！

孩子也好，大人也好，都爱吃肉。但是对于婴儿来说，肉其实是不容易被接受的食品。软硬的不同、芡汁的浓淡，都可能导致婴儿不喜欢吃肉。不要有"做了辅食婴儿就会吃"这样的想法，"去尝试才是最重要的"，这样想，会让你更轻松，更有乐趣。

肉类 (7 ~ 8个月) 蠕嚼期

主要食材　　鸡脯肉

　　婴儿吃的肉类，要从脂肪含量较少的鸡脯肉开始。很多婴儿不喜欢它的口感，所以建议和其他食材混在一起食用。

能量来源 **蛋白质来源**

鸡脯肉拌白薯

（7 个月+）

食材
鸡脯肉 …………10g
白薯 …………45g

> 白薯苦味较重，焯水后可以去除苦味，不要忘记。

制作方法
❶ 鸡脯肉用水煮熟（煮好后的汤盛出备用），切碎。
❷ 白薯去皮，用水焯5分钟左右，去除苦味，煮软。
❸ 步骤❷加入步骤❶中，捣碎，加入步骤❶中煮好后的汤汁稀释，使口感更顺滑。

制作时间
15分钟

维生素、矿物质来源 **蛋白质来源**

鸡脯肉苹果泥

（7 个月+）

食材
鸡脯肉 …………10g
苹果 …………5g

> 鸡脯肉和苹果，可以一边拌一边喂给婴儿，也可以事先拌好后再给婴儿食用。

制作方法
❶ 苹果去皮。锅中添水烧开，加入苹果煮软。煮的过程中加入鸡脯肉，煮熟。
❷ 将沥干水分后的苹果和鸡脯肉捣碎，盛入容器中。

制作时间
10分钟

维生素、矿物质来源 **蛋白质来源**

鸡脯肉小白菜汤

（8 个月+）

食材
鸡脯肉 …………15g
小白菜叶 ……20g
芝麻油…………少许

> 小白菜没有什么涩味，非常适合婴儿在辅食期食用。

制作方法
❶ 小白菜叶切碎。
❷ 锅中加入1/2杯水开火，烧开后加入鸡脯肉，煮熟后捞出。
❸ 步骤❷的锅中加入小白菜叶，煮软。
❹ 将步骤❷的鸡脯肉切碎，加入步骤❸中，加一点芝麻油调味。

制作时间
10分钟

肉类 **9 ~ 11个月** **细嚼期**

主要食材 蠕嚼期 p71 + 鸡胸肉、鸡腿肉　　瘦牛肉　　瘦猪肉

牛肉和猪肉，可以先从脂肪较少的瘦肉开始尝试。辅食的菜式也丰富了许多。

维生素、矿物质来源 蛋白质来源

鸡胸肉炒蘑菇

⑨ 个月+

食材

鸡胸肉……15g
蘑菇（香菇、口蘑等）
………20g
植物油……少许
面粉 ……1/3 小茶匙

鸡肉皮中脂肪含量较多，一定要事先去除。

制作方法

① 蘑菇切碎。鸡胸肉去皮，去脂肪，切碎，加入面粉拌匀。
② 平底锅中加入植物油，中小火烧热，加入步骤 ① 快速翻炒。添 1/2 大茶匙水，继续翻炒，直至鸡胸肉炒熟。

制作时间 **15分钟**

维生素、矿物质来源 蛋白质来源

鸡腿肉煮西红柿

⑨ 个月+

食材

鸡腿肉…………15g
西红柿…………20g
橄榄油…………少许

做好后，浇在 5 倍粥或意大利面上也可以。

制作方法

① 鸡腿肉去皮、去脂肪，切成边长 5mm 的小块。
② 西红柿去皮、去籽，切碎。
③ 平底锅中加入橄榄油，中火烧热，加入步骤 ① 快速翻炒。加入步骤 ②，继续翻炒，直至鸡腿肉炒熟。

制作时间 **15分钟**

蛋白质来源

煎鸡肉块（小块）

⑨ 个月+

食材

鸡胸肉（肉馅）…15g
淀粉……………1 小撮
植物油…………少许

如果没有买到鸡胸肉馅，也可以用菜刀将鸡胸肉剁碎。

制作方法

① 碗中加入鸡胸肉（肉馅）和淀粉，搅拌均匀。
② 平底锅中加入植物油，中火烧热，用勺子将步骤 ① 舀成直径 1.5 ~ 2cm 的丸子状放入锅中，两面煎熟。

制作时间 **10分钟**

维生素、矿物质来源 蛋白质来源
鸡胸肉煮秋葵

10 个月+

食材

鸡胸肉 ·········· 15g

秋葵 ·········· 25g

淀粉 ·········· 适量

> 秋葵中含有大量黏液，还可以产生勾芡的效果。适合搭配口感爽滑的食品食用。

制作方法

❶ 秋葵煮软，长条切成两半，去籽，切碎。

❷ 鸡胸肉去皮、去脂肪，切成小片，裹上淀粉。锅中添水烧开，将鸡胸肉煮熟。

❸ 步骤❶和步骤❷盛入容器中，一边拌一边喂给婴儿。

制作时间 10分钟

维生素、矿物质来源 蛋白质来源
鸡腿肉卷心菜浓汤

10 个月+

食材

鸡腿肉 ·········· 10g

卷心菜 ·········· 25g

牛奶 ·········· 3大茶匙

黄油 ·········· 少许

> 卷心菜富含维生素C、维生素K，并且还含有维生素U（氯化甲硫氨基酸），有利于维持胃健康。但是，卷心菜不太容易食用，要煮至软嫩后再进行烹饪。

制作方法

❶ 鸡腿肉去皮、去脂肪，切成边长5mm的小块。

❷ 卷心菜切碎。

❸ 锅中加入黄油，中火烧热，加入步骤❶和步骤❷快速翻炒。添水至没过食材，小火煮5分钟左右。完成后加入牛奶。

制作时间 10分钟

维生素、矿物质来源 蛋白质来源
鸡腿肉炒西葫芦

10 个月+

食材

鸡腿肉 ·········· 15g

西葫芦 ·········· 25g

橄榄油 ·········· 少许

> 作为南瓜的同类食品，西葫芦口感很软，非常适合婴儿在辅食期食用。

制作方法

❶ 鸡腿肉去皮、去脂肪，切成边长5mm的小块。

❷ 西葫芦长条切成4等份后，改刀切薄片。

❸ 平底锅中加入橄榄油，中火烧热，加入步骤❶和步骤❷快速翻炒，添1大茶匙水，继续炒，至鸡腿肉炒熟。

制作时间 10分钟

能量来源 维生素、矿物质来源 蛋白质来源

9
个月+

牛肉菠菜烧

食材
瘦牛肉馅 ······15g
菠菜 ········20g
面粉 ········2大茶匙
植物油 ·······少许

细嚼期开始，牛肉也可以食用了。牛肉中铁含量丰富，建议多给婴儿食用。

制作方法
❶ 菠菜煮软，切小段。
❷ 碗中加入步骤❶、面粉、1大茶匙水、瘦牛肉馅，搅拌均匀。
❸ 平底锅中加入植物油，中火烧热，用勺子将步骤❷舀成直径1 ~ 1.5cm的丸子状放入锅中，两面煎，至瘦牛肉丸子煎熟。

制作时间
10分钟

维生素、矿物质来源 蛋白质来源

10
个月+

彩椒炒牛肉

食材
瘦牛肉 ·······15g
彩椒 ········25g
植物油 ·······少许
淀粉 ········少许

制作方法
❶ 彩椒用削皮器去皮，去籽，切成短丝。
❷ 瘦牛肉切碎，加入淀粉拌匀。
❸ 平底锅中加入植物油，中火烧热，加入步骤❶翻炒，彩椒炒软后，加入步骤❷继续翻炒，至瘦牛肉炒熟。

制作时间
10分钟

维生素、矿物质来源 蛋白质来源

11
个月+

白萝卜炖牛肉

食材
白萝卜 ·······30g
瘦牛肉 ·······15g

牛肉仔细进行去味处理后，肉腥味会减少很多，更容易食用。

制作方法
❶ 白萝卜煮软，切成边长1cm的小块。
❷ 瘦牛肉切碎。
❸ 锅中加入步骤❶，添水至没过食材，中火烧开，加入步骤❷，撇净汤沫，至瘦牛肉炖烂。

制作时间
15分钟

肉类 （1~1岁半） 咀嚼期

主要食材 蠕嚼期 p71 + 细嚼期 p72 + 牛肉馅 猪肉馅 （牛肉和猪肉的混合肉馅）

像肉馅（牛肉和猪肉混合）这样脂肪较多的肉，也可以开始试试看。软硬度参考肉丸子的程度。

维生素、矿物质来源 蛋白质来源
鸡胸肉苹果拌酸奶
（1岁+）

食材
鸡胸肉 ……… 10g
苹果 ………… 10g
发酵型酸奶 … 2大茶匙

> 苹果中富含果胶（具有改善胃肠功能的作用），擦碎后更有利于摄取。

制作方法
❶ 鸡胸肉去皮、去脂肪，切成边长7mm的小块。
❷ 苹果去皮、去核擦碎。
❸ 将步骤❶和步骤❷加入酸奶中，搅拌均匀。

制作时间 10分钟

维生素、矿物质来源 蛋白质来源
南瓜肉末糊
（1岁+）

食材
鸡腿肉（肉馅）
………………15g
南瓜 …………30g
水淀粉（淀粉：水=1：2）………少许

> 肉馅在勾芡后，马上就会变得非常容易食用。

制作方法
❶ 南瓜去皮，去籽，用保鲜膜包好放入微波炉中加热1分钟左右。
❷ 锅中加入1/3杯水，放入鸡腿肉，中火加热。边煮边搅，煮沸后撇净汤沫，加入水淀粉勾芡。
❸ 将步骤❶盛容器中，加入步骤❷，一边拌一边给婴儿食用。

制作时间 10分钟

维生素、矿物质来源 蛋白质来源
海鲜汁风味鸡腿肉炖茄子
（1岁+）

食材
鸡腿肉 ………15g
茄子 …………30g
海鲜汁 ………4大茶匙

> 茄子长时间煮过之后，口感会变得非常黏糯、滑嫩，可以很好地中和鸡腿肉的口感。

制作方法
❶ 鸡腿肉去皮、去脂肪，切成边长5mm的小块。
❷ 茄子去皮，用水泡5分钟左右去除涩味，切成边长1cm的小块。
❸ 锅中加入海鲜汁、步骤❶和步骤❷，开小火，水沸腾后撇净汤沫，再煮3分钟左右。

制作时间 10分钟

75

维生素、矿物质来源 蛋白质来源 1岁+

鸡肝苹果羹

食材
鸡肝 …………… 15g
苹果 …………… 10g
植物油 ………… 少许
制作方法
❶ 鸡肝用水泡 5 分钟左右，用餐巾纸等擦净水分，切成小块。苹果去皮、去核，切薄片。
❷ 锅中加入植物油，

中火烧热，加入步骤❶快速翻炒，加 4 大茶匙水，关小火，煮至苹果变得软嫩，约 4 ~ 5 分钟。
❸ 捞出苹果和鸡肝(煮好后的汤盛出备用)，捣碎。如果觉得硬，加入一些煮好后的汤稀释。

制作时间 10分钟

维生素、矿物质来源 蛋白质来源 1岁+

牛肉莲藕泥

食材
瘦牛肉（肉馅）
………… 15g
莲藕 ……… 30g
海鲜汁 …… 4 大茶匙
植物油 …… 少许

制作方法
❶ 莲藕去皮，擦碎，稍稍过滤掉水分后，加入瘦牛肉馅搅拌均匀。
❷ 平底锅中加入植物油，中火烧热，用勺子将步骤❶舀成直径 1 ~ 1.5cm 的丸子状放入锅中，两面煎熟。
❸ 步骤❷中加入海鲜汁烧开。

莲藕有勾芡的效果，担心宝宝对面粉过敏的妈妈，可以放心使用。

制作时间 10分钟

维生素、矿物质来源 蛋白质来源 1岁+

迷你汉堡肉

食材
混合肉馅（牛肉和猪肉）
………… 15g
胡萝卜 ……… 15g
面包粉 ……… 1 小茶匙
植物油 ……… 少许

制作方法
❶ 胡萝卜去皮、擦碎，加入面包粉搅拌均匀。
❷ 步骤❶和好后，加入混合肉馅，使步骤❶均匀地裹在混合肉馅上，舀成可以一口吃下的丸子状。
❸ 平底锅中加入植物油，中火烧热，放入步骤❷，两面煎熟。

脂肪含量较多的混合肉馅（牛肉和猪肉）在咀嚼期可以放心地给宝宝食用。

制作时间 10分钟

维生素、矿物质来源 蛋白质来源

西红柿炖牛肉

食材
瘦牛肉 …… 20g
西红柿 …… 50g
洋葱 …… 40g
番茄汁（不加盐）
…… 3 大茶匙
橄榄油 …… 少许

> 洋葱炒过之后，会更加香甜，也更加滑嫩，可以中和牛肉有些涩的口感，更容易食用。

制作方法
❶ 瘦牛肉切小块，洋葱切碎，西红柿切小块。
❷ 锅中加入橄榄油，中火烧热，加入步骤 ❶ 快速翻炒。
❸ 步骤 ❷ 中加入番茄汁，煮 3 分钟左右。

制作时间
10 分钟

能量来源 蛋白质来源

猪肉炒土豆丝

食材
瘦猪肉 …… 20g
土豆 …… 100 ～ 140g
芝麻油 …… 少许

> 使用芝麻油，香味会增加许多，可以刺激食欲。

制作方法
❶ 瘦猪肉切丝。土豆去皮，切成 2cm 长的细丝。
❷ 平底锅中加入芝麻油，中火烧热，加入步骤 ❶ 翻炒，至瘦猪肉和土豆炒熟。

制作时间
10 分钟

维生素、矿物质来源 蛋白质来源

南瓜猪肉卷

食材
瘦猪肉 …… 20g
南瓜 …… 40g
植物油 …… 少许

> 猪肉一定要炒熟，以起到杀菌的作用。

制作方法
❶ 南瓜去皮、去籽，用保鲜膜包好放入微波炉中加热 1 分 15 秒左右。稍微晾凉后，切成 8 等份。
❷ 瘦猪肉展开，将步骤 ❶ 中的南瓜放入，卷好。
❸ 平底锅中加入植物油，中火烧热，将卷好后的步骤 ❷，一个一个地摆在锅中，煎至猪肉全熟。

制作时间
10 分钟

鱼贝类

蛋白质来源食品所富含的成分，有利于促进大脑活性化运动，

——

鱼贝类是既营养丰富又美味的食品，从脂肪较少的鱼类开始吧。

　　鱼类和肉类相比，水分更多，纤维也更软，易于消化，因此非常适合让婴儿在辅食期食用。另外，尽管和肉类一样，鱼类脂质含量也较高，但鱼油中含有的 DHA、EPA 等成分，可以有效预防过敏和炎症，提升大脑功能。

　　白肉鱼是可以从吞咽期开始给婴儿食用的。最开始的时候，要从没有什么缺点的鲷鱼开始添加。之后，按照脂质含量由低到高的顺序，红肉鱼、青背鱼等也可以逐渐开始给婴儿食用。

　　烹饪鱼时，去鳞、去刺是必须要做的工作。制作生鱼片用的鱼虽然价格较贵，但处理起来很方便，新鲜度也有保证，可以放心使用。此外，如果是做整条鱼来吃，可以和大人吃的一起烹饪，然后挑出刺较少的部分，给婴儿食用。

鱼的添加方法 从白肉鱼开始

鲷鱼
比目鱼

小沙丁鱼干等

　　小沙丁鱼干一定要除去盐分后，再给婴儿食用。鳕鱼可能会导致过敏，因此婴儿要到 9个月之后再开始食用。

鲑鱼

金枪鱼
鲣鱼等

　　带咸味的鲑鱼盐分含量较高，要注意。金枪鱼瘦肉部分、鲣鱼背腹交界处的暗红色鱼肉部分，铁含量丰富，建议食用。注意不可以生食。

鲐鱼

沙丁鱼
竹荚鱼等

　　沙丁鱼、竹荚鱼等鱼肉中，DHA、EPA成分含量较多，可以预防过敏和炎症。另外，脂质含量也较高，有利于促进大脑活性化运动。

烹饪小窍门

要注意，加热过久，食物会变硬

　　鱼的烹饪不要过火，所以无论是煮还是煎都不能太久，这是烹饪的关键。如果觉得煎的程度不好把握，也可以在快速煎一下后加入一些汤汁。这样既可以防止鱼肉变柴，还可以更好地让鱼的香味散发出来，建议大家尝试一下。

鱼肉稍微煎一下再加入汤中

↓

鱼肉肉质会更软嫩，味道也会更鲜美

烹饪专家的建议

要善用鱼贝类加工食品

　　随着辅食阶段的推进，宝宝可以食用的鱼肉的种类也逐渐增加，并且菜式也会变得丰富。小沙丁鱼干、金枪鱼罐头等使用起来非常方便。不过，这些加工食品盐分、脂肪含量较高，一定要除去盐分，或是选择"不加食盐"的食品，用量上每次只使用一点。

主要食材  白肉鱼
（鲷鱼、比目鱼等）

 小沙丁鱼干

从脂肪含量较少、容易消化的白肉鱼开始。推荐不容易导致过敏的鲷鱼。

维生素、矿物质来源 蛋白质来源

鲷鱼大头菜

6 个月+

食材

鲷鱼 ……………… 5 ~ 10g

大头菜 …………… 5 ~ 10g

鱼去鳞、去刺的处理很麻烦。若使用生鱼片，量非常合适，推荐利用。

制作方法

❶ 大头菜去皮时去得厚一些，煮软。鲷鱼用水焯一下（焯好后的汤盛出备用）。

❷ 鲷鱼捣碎，加入大头菜进一步捣碎。如果觉得硬，可以加入适量焯鱼的汤，进行稀释。

制作时间 **10**分钟

维生素、矿物质来源 蛋白质来源

鲷鱼炖西蓝花

6 个月+

食材

鲷鱼 ……………… 5 ~ 10g

西蓝花 …………… 5 ~ 10g

制作方法

❶ 西蓝花煮软，切下花头部分，捣碎。

❷ 鲷鱼用水焯一下（焯好后的汤盛出备用）。

❸ 将步骤 ❷ 加入步骤 ❶ 中，进一步捣碎。如果觉得硬，可以加入适量焯鱼的汤，进行稀释。

制作时间 **10**分钟

维生素、矿物质来源 蛋白质来源

小沙丁鱼南瓜汤

6 个月+

食材

小沙丁鱼干 …… 5 ~ 10g

南瓜 ……………… 5 ~ 10g

小沙丁鱼干盐分含量较高，不要忘记去除盐分。

制作方法

❶ 小沙丁鱼干放入 1/2 杯热水中泡 5 分钟左右，去除盐分，沥干水分。

❷ 南瓜去皮、去籽，煮软（煮好后的汤盛出备用）。

❸ 步骤 ❶ 捣碎，加入步骤 ❷ 进一步捣碎。如果觉得硬，可以加入适量煮南瓜的汤，进行稀释。

制作时间 **10**分钟

鱼贝类 7～8个月 **蠕嚼期**

主要食材 吞咽期 p79 ＋ 红肉鱼（金枪鱼、鲣鱼等） 鲑鱼 金枪鱼罐头（不用盐水泡的）

这一时期，红肉鱼也可以开始食用。生鱼肉、金枪鱼罐头等也可以好好地利用起来。

制作时间 **10分钟**

维生素、矿物质来源 蛋白质来源 ⑦个月+

菠菜鲷鱼糊

食材

菠菜（叶）………15g
鲷鱼………………10g
水淀粉（淀粉：水＝
1：2）…………少许

> 步骤❶中的菠菜加进煮鲷鱼的锅中一起煮也可以。

制作方法

❶ 菠菜叶煮软，切碎，盛入碗中。
❷ 锅中添1/3杯水，放入鲷鱼，煮熟。关火，用叉子将鲷鱼捣碎。再开火，待水沸后加入水淀粉快速搅拌，勾芡。
❸ 将步骤❷浇在步骤❶上。

制作时间 **10分钟**

维生素、矿物质来源 蛋白质来源 ⑦个月+

西红柿小沙丁鱼干糊

食材

小沙丁鱼干……10g
西红柿…………15g

> 小沙丁鱼干虽然加了盐，但容易变质，因此要使用新鲜的，或是买回来后立刻放入冰箱冷藏。

制作方法

❶ 小沙丁鱼干放入1/2杯热水中，泡5分钟左右去除盐分，沥干水分后捣碎。
❷ 西红柿去皮、去籽，加入步骤❶中，进一步捣碎。

制作时间 **10分钟**

维生素、矿物质来源 蛋白质来源 ⑧个月+

小沙丁鱼西蓝花糊

食材

小沙丁鱼干……15g
西蓝花…………20g
水淀粉（淀粉：水＝
1：2）…………少许

> 这道辅食，非常适合处于蠕嚼期的婴儿练习用舌头和下颌将食物弄碎。同时要让婴儿习惯西蓝花有很多颗粒的口感。

制作方法

❶ 小沙丁鱼干放入1/2杯热水中，泡5分钟左右去除盐分，沥干水分后捣碎。
❷ 西蓝花煮软，切下花头部分。
❸ 锅中加入步骤❶和步骤❷，添1/2杯水，开中火。煮沸后加入水淀粉，快速搅拌，勾芡。

维生素、矿物质来源 蛋白质来源

茄子鲷鱼糊

8个月+

食材
茄子 ·············· 20g
鲷鱼 ·············· 15g

> 茄子加热后，会产生黏稠的汁，可以用来勾芡。

制作方法
❶ 茄子去皮，用保鲜膜包好放入微波炉中加热30秒钟左右，稍微晾凉后，切碎。
❷ 鲷鱼用水稍微焯一下，捣碎。
❸ 将步骤 ❶ 和步骤 ❷ 放在一起搅拌均匀。

制作时间 10 分钟

能量来源 维生素、矿物质来源 蛋白质来源

金枪鱼西红柿沙拉粥

7个月+

食材
金枪鱼 ·············· 10g
西红柿 ·············· 15g
5 倍粥（p36）·· 50g
橄榄油 ·············· 少许

> 在婴儿适应了白肉鱼后，可以开始尝试红肉鱼了。

制作方法
❶ 金枪鱼焯一下，捣碎。
❷ 西红柿去皮、去籽，加入 5 倍粥和橄榄油，搅拌。盛入碗中，加入步骤 ❶，一边拌一边喂给婴儿。

制作时间 10 分钟

维生素、矿物质来源 蛋白质来源

洋葱炖金枪鱼糊

8个月+

食材
金枪鱼 ·· 15g
洋葱 ····· 20g
海鲜汁 ·· 1/3 杯（70ml）

> 蔬菜在火上煮得过久，会变干，味道也会过浓，所以可以在正常浓度的海鲜汁中掺适量水来稀释一下。

制作方法
❶ 洋葱切薄片。
❷ 锅中加入海鲜汁、3 大茶匙水，小火煮至洋葱变软，之后加入金枪鱼，微煮一会儿，至金枪鱼煮熟。
❸ 将步骤 ❷ 捣得稍微碎一些。

制作时间 10 分钟

维生素、矿物质来源　蛋白质来源

8 个月+

鲑鱼菜花糊

食材

鲑鱼 …………15g
菜花 …………20g

鲑鱼脂质含量较多，要在婴儿习惯了金枪鱼等红肉鱼之后，再给婴儿食用。

制作方法

❶ 鲑鱼去鳞、去刺。菜花切小块。
❷ 锅中加入步骤❶，添水至没过食材，小火煮至鲑鱼熟。
❸ 将步骤❷ 捣得稍微碎一些。

制作时间
10分钟

能量来源　维生素、矿物质来源　蛋白质来源

8 个月+

鲑鱼土豆沙拉

食材

鲑鱼 …………10g
土豆 …………75g
西蓝花 …………10g
发酵型酸奶 …………20g

发酵型酸奶不仅可以中和鱼的腥味，还会让土豆口感更爽滑，使婴儿更容易食用。

制作方法

❶ 土豆煮软。鲑鱼去鳞、去刺，稍微煮一下。西蓝花煮软。
❷ 将步骤❶ 捣得稍微碎一些，加入酸奶中搅拌均匀。

制作时间
15分钟

维生素、矿物质来源　蛋白质来源

8 个月+

大头菜炖鲣鱼

食材

大头菜（叶）…5g
大头菜 …………15g
鲣鱼 …………15g

鲣鱼要选择背部的肉（瘦肉）。背腹交界处的暗红色鱼肉部分铁含量丰富，推荐食用。

制作方法

❶ 大头菜去皮时去得厚一些，大头菜叶切碎。一并加入锅中，添水至没过食材，中小火将大头菜煮软。
❷ 步骤❶ 中加入鲣鱼，将鱼肉煮熟。用过滤器滤出汤汁，将大头菜和鲣鱼捣得稍微碎一些。

制作时间
15分钟

主要食材　吞咽期 p79　+　蠕嚼期 p80　+　 青背鱼（竹荚鱼、秋刀鱼、沙丁鱼、五条鰤鱼）　鳕鱼　扇贝　牡蛎

　　添加了青背鱼、贝类之后，辅食样式也更加丰富。鳕鱼虽然是白肉鱼，但有可能导致过敏，要到了细嚼期才可以开始让宝宝食用。

维生素、矿物质来源　蛋白质来源

鲷鱼炒西红柿

9 个月+

食材
鲷鱼 …………… 15g
西红柿 ………… 20g
橄榄油 ………… 少许

> 精炼橄榄油耐热度高，不容易氧化，推荐日常使用。

制作方法
❶ 鲷鱼切成边长 6 ~ 7mm 的小块。西红柿去皮、去籽，切成同样大小的块。
❷ 平底锅中加入橄榄油，中火烧热，加入步骤 ❶ 快速翻炒。

制作时间
10 分钟

维生素、矿物质来源　蛋白质来源

沙丁鱼干炖萝卜泥

9 个月+

食材
小沙丁鱼干 …… 15g
白萝卜泥 ……… 20g

> 白萝卜头部味道比较甜，在使用时注意选择部位，婴儿不喜欢吃辣味的食物。

制作方法
❶ 小沙丁鱼干放入 1/2 杯热水中，泡 5 分钟左右去除盐分，沥干水分后捣碎。
❷ 锅中加入步骤 ❶ 和白萝卜泥，小火煮 2 分钟左右。

制作时间
10 分钟

维生素、矿物质来源　蛋白质来源

金枪鱼拌香橙

9 个月+

食材
金枪鱼 ………… 10g
橙子 …………… 10g

> 橙子等柑橘类食物，可通便助消化。

制作方法
❶ 金枪鱼快速焯一下。
❷ 橙子挖出果肉部分。
❸ 将步骤 ❶ 和步骤 ❷ 切碎，搅拌均匀。

制作时间
10 分钟

9 ~ 11个月
细嚼期
鱼贝类

维生素、矿物质来源 蛋白质来源

鳕鱼炖小白菜

9
个月+

食材

鳕鱼 ········· 15g
小白菜 ······ 20g
海鲜汁 ······· 2 大茶匙

最好选用不带咸味、不含盐分的新鲜鳕鱼。

制作时间
10 分钟

制作方法

❶ 鳕鱼去鳞、去刺。
❷ 小白菜切成 5 ~ 7mm 的小段。
❸ 锅中加入步骤 ❷，添水至没过食材，加入海鲜汁，将小白菜煮软。加入鳕鱼稍炖一会儿，关火用叉子将鳕鱼捣碎。

能量来源 维生素、矿物质来源 蛋白质来源

鲑鱼西蓝花烧

10
个月+

食材

鲑鱼 ········· 15g
西蓝花 ······ 25g
面粉 ········· 1 大茶匙
植物油 ······· 少许

西蓝花不光花头部分，茎部也可以使用。

制作时间
15 分钟

制作方法

❶ 鲑鱼去鳞、去刺，切成小块。西蓝花煮软，切成小块。
❷ 碗中加入步骤 ❶、面粉，搅拌均匀。
❸ 平底锅中加入植物油，中火烧热，用勺子将步骤 ❷ 舀成适口大小的丸子状，放入锅中两面煎熟。

维生素、矿物质来源 蛋白质来源

五条鲕炖萝卜

10
个月+

食材

五条鲕 ·········15g
白萝卜 ·········25g

寒五条鲕（冬天的五条鲕）肉中脂肪较多，最好先用水焯一遍。

制作时间
15 分钟

制作方法

❶ 白萝卜去皮，煮好后切成边长 0.8 ~ 1cm 的小块。五条鲕去鳞。
❷ 锅中加入步骤 ❶，添水至没过食材。五条鲕煮熟后，关火，用叉子等将鱼肉捣成易于食用的大小。

牡蛎白菜浓汤

食材

牡蛎 ……………15g
白菜 ……………30g
水淀粉（淀粉：水 =
1：2）………少许

> 牡蛎容易被消化吸收，营养丰富，加热后肉质仍然保持软嫩，是适合宝宝在辅食期食用的食材。

制作方法

❶ 牡蛎用水清洗干净，沥干水分，切碎。
❷ 白菜切短丝（顺着纤维的方向切）。
❸ 锅中加入步骤❷，添水至没过食材，用中小火煮至白菜变软。加入步骤❶，炖熟后，加入水淀粉快速搅拌，勾芡。

制作时间 **10**分钟

鲣鱼橄榄油烧

食材

鲣鱼 ……………15g
西葫芦 …………30g
橄榄油 …………少许

> 鲣鱼要选择背腹交界处的暗红色鱼肉部分。这个部位铁含量丰富。

制作方法

❶ 平底锅中加入橄榄油，中火烧热，鲣鱼煎熟后捞出，切小块。
❷ 西葫芦切短丝，放入步骤❶的平底锅中，再放回鲣鱼，和西葫芦一起翻炒，炒至西葫芦变软。

制作时间 **10**分钟

旗鱼煎苹果

食材

旗鱼（白肉鱼）
……………15g
苹果 ……………10g
橄榄油 …………少许

> 旗鱼和金枪鱼不同，是一种白肉鱼。旗鱼与剑鱼相比，脂肪含量更少，推荐让宝宝食用。

制作方法

❶ 苹果去皮后擦碎。
❷ 平底锅中加入橄榄油，中火烧热，放入旗鱼，两面快速煎一下。
❸ 步骤❷中加入步骤❶ 和 2 大茶匙水，旗鱼炖熟后关火，用叉子将鱼肉捣成易于食用的大小。

制作时间 **10**分钟

主要食材 吞咽期 p79 ＋ 蠕嚼期 p80 ＋ 细嚼期 p83 ＋ 与到细嚼期为止大致相同的食材

　　竹荚鱼或沙丁鱼等食材，宝宝在食用时可能会不小心吞食鱼刺，还有乌贼、章鱼等不易嚼碎的食材，在处理时可以用菜刀将其剁碎。

维生素、矿物质来源　蛋白质来源

竹荚鱼鱼丸汤

1岁+

食材
竹荚鱼 …………15g
大葱 ……………30g
淀粉 ……………1 小撮

> 青背鱼容易腐烂，要趁新鲜的时候尽快处理，尽快食用。

制作时间 15分钟

制作方法
❶ 竹荚鱼去刺，用菜刀切碎，加入淀粉抓匀。大葱切薄片。
❷ 锅中加入 1/2 杯水、步骤 ❶ 中的大葱，煮至大葱变软。
❸ 用勺子将步骤 ❶ 中的竹荚鱼舀成适口大小的丸子状放入锅中，煮熟。

维生素、矿物质来源　蛋白质来源

山药扇贝

1岁+

食材
扇贝 ……………15g
山药 ……………100g
水淀粉（淀粉：水 =
1：2）………适量
制作方法
❶ 山药去皮，用保鲜膜包好后放入微波炉中加热 3 分钟左右。稍微晾

凉后，隔着保鲜膜轻轻碾碎，揉成圆形。
❷ 扇贝切成细丝。
❸ 锅中加入步骤 ❷、1/3 杯水，中小火煮。煮沸后加入水淀粉，快速搅拌、勾芡。
❹ 将步骤 ❸ 浇在步骤 ❶ 上。

制作时间 15分钟

维生素、矿物质来源　蛋白质来源

沙丁鱼汉堡肉

1岁 3个月+

食材
沙丁鱼 ……20g
菠菜 ………40g
淀粉 ………1/2 小茶匙
植物油……少许

> 青背鱼富含 DHA、EPA，可以预防过敏，促进大脑发育。整条都可以给婴儿食用。

制作时间 15分钟

制作方法
❶ 菠菜快速焯一下，切碎。沙丁鱼去刺，切碎。
❷ 碗中加入步骤 ❶ 和淀粉，充分抓匀。
❸ 平底锅中加入植物油，中火烧热，加入步骤 ❷ 两面煎熟，切成容易食用的大小。

维生素、矿物质来源 **蛋白质来源**

煎鲑鱼拌秋葵

1 岁
3 个月+

食材

鲑鱼 ………… 20g
秋葵 ………… 40g

> 鲑鱼是容易导致过
> 敏的食材，要从少
> 量开始给宝宝尝试，
> 一定要慎重。

制作方法

❶ 鲑鱼不用去除盐分直接
上锅煎，煎好后从鱼身上
取下烹饪所需的分量。

❷ 秋葵煮软，长条切开，
去籽，用菜刀轻拍至黏液
流出。

❸ 将步骤 ❶ 和步骤 ❷
盛入容器中，一边搅拌一
边给宝宝食用。

制作时间
15 分钟

维生素、矿物质来源 **蛋白质来源**

白萝卜蛤蜊清汤

1 岁
3 个月+

食材

白萝卜 ……… 40g
蛤蜊（去除泥沙）
………… 净重 20g
（8 个左右）

> 要注意，蛤蜊长时
> 间加热后，口感会
> 变硬。

制作方法

❶ 白萝卜去皮，煮软。

❷ 另取一锅，加入蛤蜊和
1/2 杯水，中火煮至蛤蜊
口张开，捞出（煮好后的
汤盛出备用），蛤蜊肉切
小块。

❸ 将步骤 ❶ 捣成容易食
用的大小，放入步骤 ❷
盛出的汤中，加入切好的
蛤蜊，稍微煮一会儿。

制作时间
15 分钟

能量来源 **维生素、矿物质来源** **蛋白质来源**

牡蛎大阪烧

1 岁
3 个月+

食材

牡蛎 ……… 20g
面粉 ……… 4 大茶匙
卷心菜 …… 40g
植物油 …… 少许

> 牡蛎中铁含量丰富，
> 味道也很甜，是推
> 荐使用的食材。但
> 一定要煮到牡蛎肉
> 的中间部分也熟透
> 才可以。

制作方法

❶ 牡蛎用水清洗干净，
沥干水分后，将牡蛎肉切
小块。

❷ 卷心菜用水快速焯一
下，切碎。

❸ 碗中加入步骤 ❶、步
骤 ❷、面粉、2$\frac{1}{2}$ 大茶匙
水，搅拌均匀。

❹ 平底锅中加入植物油，
中火烧热，倒入步骤 ❸，
两面煎熟。稍微晾凉后，
切成易于食用的大小。

制作时间
15 分钟

鸡蛋和乳制品

注意添加和推进方式，灵活利用食材

烹饪起来很简单的优秀食品，但要预防食物过敏

鸡蛋和乳制品都是很好的富含蛋白质的食品，处理起来很容易，也不需要调味，轻轻松松就可以充分摄取营养，并且还容易保存，称得上是辅食期的好帮手。但是，这两种食品都容易导致食物过敏，因此一定要注意添加和推进的方式。

鸡蛋在吞咽期不可以给婴儿食用，蠕嚼期以后，要从较不容易导致过敏的蛋黄开始，一点一点尝试。蛋黄中含有的蛋白质、脂质比较容易被消化吸收，非常适合婴儿在辅食期食用。之后，如果蛋清也没问题，就可以开始让婴儿食用整个鸡蛋了。乳制品也要从蠕嚼期开始添加。发酵型酸奶口感顺滑，经常用于搅拌或混合食材。奶酪不加热也可以加到辅食中，但盐分和脂肪含量较高，要控制好用量。

奶酪和酸奶
不加热也可以

发酵型酸奶

加工干酪

软质乳酪

酸奶要选用发酵型酸奶。加糖酸奶中糖分含量较高，要谨慎使用。奶酪脂肪含量较多，要尽可能少使用。加工干酪脂肪和盐分都较少，适合辅食期使用。

生鸡蛋、半熟鸡蛋禁用
1岁以前，牛奶需要加热

牛奶　　　　鸡蛋

如果想使用牛奶进行烹饪，过了蠕嚼期就可以了。如果牛奶是作为饮料，要从咀嚼期开始。鸡蛋可能会导致过敏，因此要从蛋黄开始尝试给婴儿食用，生鸡蛋或半熟鸡蛋在辅食阶段坚决不能使用。

烹饪小窍门

加进其他食材中或和其他食材混合，不再为婴儿讨厌牛奶而烦恼

牛奶是咀嚼期以后建议多食用的食品。但是有很多婴儿无论如何都不喜欢喝牛奶。如果婴儿讨厌单纯喝牛奶，那么将牛奶用在烹饪里也是可以的。比如可以试着加进奶油浓汤或是掺进面粉中，等等。

烹饪专家的建议

轻松摄取蛋白质！

鸡蛋、乳制品烹饪起来很简单，是可以轻松摄取营养的方便食材。在没有肉或鱼的时候，只要在蔬菜中加一些牛奶做成牛奶炖菜，或是在粥里撒上奶酪粉，就可以大大提升蛋白质的摄入量，因此是非常有益的食材。

 鸡蛋和乳制品 7~8个月 **蠕嚼期**

主要食材 鸡蛋　 牛奶　牛奶　酸奶 发酵型酸奶

鸡蛋、乳制品可能会导致过敏，所以不要着急，观察婴儿的状况，一勺一勺地加量。

(能量来源) (维生素、矿物质来源) (蛋白质来源)　　7个月+

法式蔬菜汤

食材

牛奶 ………… 3 大茶匙
　　　　　　（40ml）
洋葱、胡萝卜
　　　……… 共 15g
土豆 ………… 30g

> 如果将蔬菜放在一起捣碎，会节省很多时间。

制作方法

❶ 胡萝卜、土豆去皮，和洋葱一起加入锅中，添水至没过食材，煮至软嫩。将食材捞出，捣碎（煮好后的汤盛出备用）。
❷ 将步骤 ❶ 再倒入盛出的汤中，加入牛奶，加热一小会儿。

制作时间 **10** 分钟

(维生素、矿物质来源) (蛋白质来源)　　7个月+

茄子拌酸奶

食材

茄子 ………… 15g
发酵型酸奶 … 30 ~ 50g

> 如果对牛奶不过敏，就可以使用酸奶烹饪。最开始给婴儿食用的时候，要观察婴儿的状况。

制作方法

❶ 茄子去皮，用保鲜膜包好放入微波炉中加热 20 秒钟左右。稍微晾凉后，切碎。
❷ 将发酵型酸奶和步骤 ❶ 一起盛入容器中，一边搅拌一边喂给婴儿。

制作时间 **10** 分钟

(维生素、矿物质来源) (蛋白质来源)　　7个月+

草莓牛奶

食材

牛奶 ……… 2 大茶匙
草莓 ……… 5g

> 草莓的表皮上有籽，需要去掉。擦碎后的草莓还可以让婴儿练习咀嚼。牛奶也可以换成奶粉。

制作方法

❶ 草莓用筛网过滤。
❷ 将步骤 ❶ 和牛奶拌在一起，搅拌均匀。

制作时间 **7** 分钟

维生素、矿物质来源　蛋白质来源

⑧个月+

南瓜牛奶汤

食材

南瓜 ……… 20g

牛奶 ……… 3大茶匙多

……… 一点（50ml）

水淀粉（淀粉：水 =
1：2）……… 少许

> 如果芡汁不够浓，
> 可以再将食材放
> 进微波炉中加热
> 10秒钟左右。

制作时间 **10分钟**

制作方法

❶ 南瓜去皮、去籽，用
保鲜膜包好放入微波炉中
加热50秒钟左右。

❷ 将步骤 ❶ 捣碎，加入
牛奶搅拌均匀。

❸ 将步骤 ❷ 加入耐热容
器中，放入微波炉中加热
50秒钟左右。加入少量
水淀粉，快速搅拌、勾芡。

维生素、矿物质来源　蛋白质来源

⑧个月+

西红柿黄瓜拌酸奶

食材

西红柿 ……… 15g

黄瓜 ……… 5g

发酵型酸奶 … 40～70g

> 发酵型酸奶易于消
> 化吸收，适合婴儿
> 在辅食期食用。

制作时间 **10分钟**

制作方法

❶ 西红柿去皮、去籽，
切碎。黄瓜去皮，擦碎。

❷ 将西红柿加进发酵型
酸奶中，搅拌均匀，再加
入黄瓜，一边搅拌一边给
婴儿食用。

维生素、矿物质来源　蛋白质来源

⑦个月+

大头菜煮蛋黄

食材

大头菜 ……15g

煮熟的鸡蛋黄

……… 1小茶匙～1个

海鲜汁 ……3大茶匙

> 鸡蛋黄的量，要根
> 据辅食进展的情况
> 来具体判断，酌情
> 增减。

制作时间 **10分钟**

制作方法

❶ 大头菜去皮时去得厚
一些，切薄片。

❷ 锅中加入步骤 ❶、海
鲜汁、3大茶匙水，煮至
软嫩。

❸ 将步骤 ❷ 从锅中取出，
捣碎，加入煮好后的汤和
煮熟的鸡蛋黄，充分搅拌
至顺滑。

土豆青豌豆拌鸡蛋黄

8
个月+

食材

土豆 ·········· 45g
青豌豆 ········ 20g
煮熟的鸡蛋黄 1/3 个

青豌豆色泽漂亮，
口感软嫩，是烹饪
中可以常用的食材。
不过，青豌豆的皮
较硬，因此一定要
记得去皮。

制作方法

❶ 土豆煮软（煮好后
的汤盛出备用），捣碎。
❷ 青豌豆煮软，去皮，
捣碎，加进步骤 ❶ 中。
❸ 步骤 ❷ 中加入煮熟
的鸡蛋黄，充分搅拌，
加入适量煮好后的汤进
行稀释，让口感更顺滑。

制作时间
15分钟

卷心菜牡蛎蛋花汤

8
个月+

食材

卷心菜 ···· 20g
海鲜汁 ···· 1/3 杯（70ml）
鸡蛋液 ···· 1/3 个蛋的量

卷心菜一年四季都
可以种，很容易买
到。不过，它的纤
维较多，一定要加
热到变得软嫩为止。

制作方法

❶ 卷心菜切碎。
❷ 锅中加入步骤 ❶ 和
海鲜汁、3 大茶匙水，
煮至软嫩。
❸ 步骤 ❷ 中倒入鸡蛋
液，多煮一会儿，至鸡
蛋全熟。

制作时间
15分钟

茶碗蒸

8
个月+

食材

鸡蛋液 ···· 1/3 个蛋的量
海鲜汁 ···· 4 大茶匙
西红柿 ···· 20g

茶碗蒸和西红柿
一边搅拌一边给
婴儿食用。

制作方法

❶ 在充分打散的鸡蛋液
中加入海鲜汁搅拌均匀。
加入耐热容器中，包上锡
纸，放入蒸锅中，开中火
蒸。冒热气后，关小火，
煮至鸡蛋液凝固，约 5
分钟。
❷ 西红柿去皮、去籽，
切碎。放在蒸好的鸡蛋上。

制作时间
15分钟

主要食材 蠕嚼期 p89 + 奶酪粉　　　奶酪片　　　黄油

从这一时期开始，部分奶酪食品可以开始给宝宝食用。奶酪食品中盐分含量较高，须少量添加，略带一点味道即可。

制作时间
5分钟

维生素、矿物质来源　蛋白质来源

苹果豆腐酸奶

9
个月+

食材

苹果 ·············· 10g
北豆腐 ·········· 20g
发酵型酸奶 ····· 45g

在婴儿适应了辅食之后，除了嫩豆腐，口感更加厚实的北豆腐也可以尝试着使用。

制作方法

❶ 苹果去皮，捣碎。

❷ 北豆腐加入耐热容器中，包上保鲜膜放入微波炉中加热 20 秒钟左右。晾凉后，捣碎。

❸ 将步骤 ❶、步骤 ❷ 和发酵型酸奶加在一起，搅拌均匀。

制作时间
10分钟

能量来源　维生素、矿物质来源　蛋白质来源

南瓜香蕉牛奶

9
个月+

食材

南瓜 ·············· 20g
香蕉 ·············· 75g
牛奶 ············· 80ml

南瓜和香蕉本身都带有甜味，是孩子非常喜欢的食品。

制作方法

❶ 南瓜去皮、去籽，用保鲜膜包好放入微波炉中加热 45 秒钟左右。

❷ 将步骤 ❶ 和香蕉捣碎，加入牛奶稀释。

制作时间
10分钟

维生素、矿物质来源　蛋白质来源

烤奶酪粉西葫芦

9
个月+

食材

西葫芦 ·········· 20g
奶酪粉 ····· 1/2 小茶匙
橄榄油 ········· 少许

西葫芦烹饪成可以用牙龈磨碎的硬度，可以尝试着多多利用。

制作方法

❶ 西葫芦切成边长 5mm 的小块。

❷ 平底锅中加入橄榄油，中火烧热，加入步骤 ❶ 快速翻炒，加入 1 大茶匙水继续翻炒，至西葫芦变得软嫩。

❸ 耐热容器中加入步骤 ❷，撒上奶酪粉，放入烤箱中烤至变色，约 8 分钟。

能量来源 **维生素、矿物质来源** **蛋白质来源**
奶汁小油菜通心粉干酪菜

（10个月+）

食材
小油菜⋯25g
通心粉⋯17g
牛奶⋯⋯4大茶匙
面粉⋯⋯1小茶匙
黄油⋯⋯少许
奶酪粉⋯1/3小茶匙

制作方法
❶ 小油菜煮软，切碎。通心粉煮软后切成小段。

❷ 平底锅中加入黄油，中火烧热，加入步骤❶快速翻炒，撒上面粉轻轻搅拌，加入牛奶。

❸ 煮好后，搅拌均匀，勾好芡后盛入耐热容器中，撒上奶酪粉。放入烤箱中烤至变色，约8分钟。

制作时间
15分钟

能量来源 **蛋白质来源**
奶油白薯酸奶

（11个月+）

食材
白薯⋯⋯⋯80～120g
发酵型酸奶
⋯⋯⋯⋯⋯80g

> 发酵型酸奶中富含乳酸菌，配合白薯中富含的植物纤维，对于调整肠胃功能有显著效果。

制作方法
❶ 白薯去皮，煮软，切碎。

❷ 将发酵型酸奶倒入容器中，加入步骤❶，一边搅拌一边给婴儿食用。

制作时间
10分钟

维生素、矿物质来源 **蛋白质来源**
扁豆煮鸡蛋

（11个月+）

食材
煮熟的鸡蛋
⋯⋯⋯⋯⋯1/3个
扁豆⋯⋯30g
海鲜汁⋯2大茶匙

> 扁豆需要确认是不是有筋，如果有，需要将筋去除。

制作方法
❶ 扁豆煮软，切小段。在海鲜汁中加入2大茶匙水，加入扁豆，小火煮3分钟左右。

❷ 将煮熟的鸡蛋切碎后加入步骤❶中，煮1分钟左右。

制作时间
10分钟

维生素、矿物质来源 蛋白质来源

蘑菇炒鸡蛋

11
个月+

食材
蘑菇（香菇、口蘑等）
⋯⋯⋯⋯30g
鸡蛋液⋯⋯1/2 个蛋的量
芝麻油⋯⋯少许

> 蘑菇中，杏鲍菇属
> 于不容易嚼碎的食
> 材，在辅食阶段不
> 要随便让婴儿食用。

制作方法
❶ 蘑菇切碎。
❷ 平底锅中加入芝麻
油，中火烧热，将蘑菇
翻炒一会儿后加入鸡
蛋液，翻炒均匀，至鸡
蛋全熟。

制作时间
8分钟

维生素、矿物质来源 蛋白质来源

彩椒蛋卷

11
个月+

食材
彩椒 ⋯⋯30g
鸡蛋液⋯⋯1/2 个蛋的量
橄榄油⋯⋯少许

> 彩椒的皮较硬，用
> 削皮器去皮后，更
> 容易烹饪。

制作方法
❶ 彩椒用削皮器去
皮，去籽，煮软后
切丁。
❷ 将步骤 ❶ 加入鸡
蛋液中，搅拌均匀。
❸ 平底锅中加入橄榄
油，中火烧热，倒入
步骤 ❷，煎熟。

制作时间
10分钟

维生素、矿物质来源 蛋白质来源

胡萝卜拌奶酪

11
个月+

食材
胡萝卜⋯⋯⋯30g
切片乳酪 ⋯⋯10g

> 切片乳酪口感好，
> 又非常美味，但要
> 注意它的盐分含量
> 较高，要控制好
> 用量。

制作方法
❶ 胡萝卜去皮，煮
软，切成容易食用的
大小。
❷ 切片乳酪切碎，和
步骤 ❶ 加在一起搅
拌均匀。

制作时间
10分钟

口感醇厚、温润的乳制品、鸡蛋受到了很多孩子的喜欢。我们也可以用它们来做汤或甜点。

能量来源　维生素、矿物质来源　蛋白质来源

奶油蔬菜汤

食材

蔬菜（西蓝花、洋葱、
胡萝卜等）…… 30g
土豆 …………… 40g
牛奶 …… 4大茶匙
黄油 …………… 3g

> 即使不使用面粉，
> 捣碎后的土豆也同
> 样有勾芡的效果。

制作方法

❶ 蔬菜经过去皮等简单
处理后，放入锅中，添
水至没过食材，煮软。
❷ 关火，用叉子将锅中
的蔬菜捣碎，加入牛奶
和3大茶匙水，开中小
火煮。
❸ 土豆捣碎，加入步骤
❷中快速搅拌，勾芡。
完成后加入黄油。

1岁+

制作时间
15分钟

维生素、矿物质来源　蛋白质来源

牛奶蔬菜豆腐杂煮

食材

大葱 …………… 10g
香菇 …………… 20g
北豆腐 ………… 40g
海鲜汁 … 1/2杯（100ml）
牛奶 …… 2大茶匙

> 加入牛奶，可以让汤的味
> 道更醇厚，温润，还可以
> 防止盐分摄取过量。

制作方法

❶ 大葱切小薄片，香菇
切小块。
❷ 锅中加入海鲜汁、步
骤❶、4大茶匙水，小
火煮。
❸ 蔬菜熟了以后，加入
北豆腐，用炒勺等将豆
腐捣碎，方便幼儿食用，
最后加入牛奶，稍微加
热一会儿。

1岁+

制作时间
10分钟

能量来源　维生素、矿物质来源　蛋白质来源

酸奶松饼

食材

发酵型酸奶 …… 70g
自发粉 ………… 50g
胡萝卜（捣碎）… 30g
植物油 ………… 少许

> 这道辅食非常适合宝宝用
> 手抓着吃，既可以作为正
> 餐，又可以作为加餐。

制作方法

❶ 碗中加入自发粉、捣
碎的胡萝卜、发酵型酸
奶，搅拌均匀。
❷ 平底锅中加入植物油，
中火烧热，用勺子将步
骤❶舀进锅中，摊成直
径为2～2.5cm的圆形面
饼，两面煎熟。

1岁+

制作时间
15分钟

维生素、矿物质来源 **蛋白质来源**

奶酪炒彩椒

 1岁+

食材

彩椒 …………… 30g
比萨专用奶酪 …15g
橄榄油 …………少许

比萨专用奶酪的脂
肪和盐分含量都
较高，一定要到婴
儿习惯了食用乳制
品之后，再使用。

制作方法

❶ 彩椒用削皮器去皮，去
籽，煮软，切成边长1cm
的小块。
❷ 平底锅中加入橄榄油，
中火烧热，倒入步骤 ❶ 翻
炒。加入比萨专用奶酪继续
翻炒，炒至奶酪熔化。

制作时间 **10分钟**

能量来源 **蛋白质来源**

法式玉米浓汤布丁

1岁+

食材

奶油玉米罐头 …… 40g
鸡蛋液 ……1/2 个蛋的量
牛奶 ………1 大茶匙

如果没有蒸锅，包
上保鲜膜放入微
波炉中加热 1 分
30 秒左右也可以。

制作方法

❶ 奶油玉米罐头用过滤器
过滤到碗中。鸡蛋液和牛奶
加在一起搅拌均匀，倒入耐
热容器中。
❷ 将步骤 ❶ 用锡纸包好放
入蒸锅中，开中火蒸。开始
冒热气时，关小火，再煮 5
分钟左右，至鸡蛋液凝固。

制作时间 **15分钟**

维生素、矿物质来源 **蛋白质来源**

洋葱西蓝花鸡蛋卷

1岁
3个月+

食材

洋葱 …………10g
西蓝花 ………10g
鸡蛋液 ……2/3 个蛋的量
植物油 ………少许

推荐让婴儿通过吃鸡蛋卷来
练习用手抓取食物。鸡蛋是
比较容易被接受的食材，这
样的做法可能会让讨厌吃蔬
菜的宝宝吃蔬菜。

制作方法

❶ 洋葱、西蓝花切碎。
❷ 耐热容器中加入步骤
❶，用保鲜膜包好放入
微波炉中加热 30 秒钟左
右，取出后晾凉。
❸ 将步骤 ❷ 加入鸡蛋
液中搅拌均匀。
❹ 平底锅中加入植物
油，中火烧热，加入步
骤 ❸ 煎熟。

制作时间 **10分钟**

煮鸡蛋拌黄瓜

维生素、矿物质来源 蛋白质来源

食材
煮鸡蛋……2/3 个
黄瓜……40g
海鲜汁……1 大茶匙

> 黄瓜的皮对于幼儿
> 来说有些硬，所以
> 要去皮。

制作方法
❶ 黄瓜去皮，长条形切两半，然后再切成薄片，稍微焯一下水，滤干水分。
❷ 用叉子将煮鸡蛋捣碎，和黄瓜片、海鲜汁加在一起，搅拌均匀。

制作时间
8分钟

南瓜奶酪球

维生素、矿物质来源 蛋白质来源

食材
南瓜……40g
干片乳酪……2/3 片

> 南瓜的香甜配上奶酪
> 的微咸味道，非常合
> 适。奶酪中含有的脂
> 质还有利于 β- 胡萝
> 卜素的吸收。

制作方法
❶ 南瓜去皮、去籽、切块，用保鲜膜包好放入微波炉中加热 1 分 15 秒左右。
❷ 南瓜块晾凉后取出，隔着保鲜膜将其揉碎。
❸ 加入撕成小片的干片乳酪，搅拌均匀，揉成直径1.5cm 左右的球状。

制作时间
8分钟

水果牛奶冻

维生素、矿物质来源 蛋白质来源

食材
水果（草莓、橙子等）
……50g
牛奶……1/2 杯（100ml）
琼脂粉……2g
白糖……2 小茶匙

> 做好后的量约是食
> 用两次的量。

制作方法
❶ 水果切成边长 1cm 的小块。
❷ 锅中加入琼脂粉和 1 杯水，充分搅拌，开小火，一边搅拌一边加热，水沸后再煮 2 分钟，关火，加入白糖和牛奶搅拌均匀。
❸ 将水果块加入步骤 ❷ 中，倒入平底盘等容器中。待其凝固后，切成方便食用的大小，或是用模具做出其他形状。

制作时间
20分钟

豆类和干货

营养价值满分，怎样烹饪都能获得超高营养。
让宝宝体验更多的味道和口感

　　豆类是植物性食品中蛋白质含量最丰富的。其中，大豆的加工食品比较适合宝宝在辅食期食用。例如，豆腐、纳豆、黄豆粉等。特别是豆腐不仅蛋白质含量高，还很容易消化吸收，是可以整块使用的优秀食材。并且经过加工后，口感非常软嫩，蠕嚼期起就可以开始让宝宝食用。不过，豆腐表面可能会残留细菌，因此必须通过加热杀菌后再来烹饪。

　　容易保存的干货，是将食品的原材料进行了干燥处理，但它的营养价值比原来更高，建议在烹饪中好好利用。不过，干货不易消化，盐分含量也较高，要注意烹饪方法，控制好用量。

面筋

　　面筋是将面粉中的蛋白质分离提取并烘干而制成的一种食品。为了防止食物过敏，婴儿满7个月后才可以开始食用。它的质感很软，如果婴儿不喜欢吃容易变硬的肉，推荐尝试使用。

黄豆粉

黄豆粉

　　黄豆粉容易消化吸收。由于是粉末状，因此可以加在粥或其他食品中一起食用，很简单就可以摄取蛋白质，是非常方便的食材。

纳豆

　　纳豆营养价值很高，且容易消化吸收，是优点很多的食材。纳豆口感黏润，吞咽时的感觉很好，可以和其他食材搅拌在一起，尤其是有助于婴儿吃一些细碎的食物。食用前不要忘记加热。

烹饪小窍门

豆腐捣碎成粉末状，烹饪起来更方便

　　豆腐是蛋白质含量丰富、营养价值高的大豆加工食品，保质期长，因此可以常备。将晒干后的豆腐捣成粉末状，可以用在更多的辅食中。还推荐用它代替面包粉，发挥黏着功效。

豆腐的高能利用方法

制成粉末状，用来黏合汉堡肉。

烹饪专家的建议

纳豆是最适合在辅食期给宝宝食用的

　　纳豆是婴幼儿喜欢吃的食物之一。纳豆也属于发酵食品，富含多种酵素，比大豆的营养价值更高，且容易消化吸收，可以说是非常适合宝宝在辅食期食用的食材。做汤时也可以加入纳豆，起到勾芡的作用。

豆类和干货 6个月左右 吞咽期

主要食材 豆腐　　●黄豆粉　　□豆奶（无添加）

从富含优质植物性蛋白质、钙等成分的豆腐开始。豆腐口感好，且容易消化吸收，是优秀的食品。

维生素、矿物质来源　蛋白质来源

胡萝卜豆腐泥

 6个月+

食材
胡萝卜 ………… 5～10g
嫩豆腐 ………… 5～25g

> 蔬菜配上豆腐，味道会变得温和许多，不喜欢吃蔬菜的宝宝也会爱吃。

制作方法
❶ 胡萝卜去皮、煮软，捣成泥状。
❷ 嫩豆腐用水快速焯一下，捣碎，和胡萝卜泥加在一起搅拌均匀。

制作时间
10分钟

维生素、矿物质来源　蛋白质来源

苹果豆腐泥

 6个月+

食材
苹果 …………… 5～10g
嫩豆腐 ………… 20g

> 豆腐在捣碎时能够感觉到苦味，可以利用苹果的甘甜来中和，让宝宝更容易接受。

制作方法
❶ 苹果去皮，煮软，捣成泥状。
❷ 嫩豆腐用水快速焯一下，和苹果泥加在一起搅拌均匀。

制作时间
10分钟

能量来源　蛋白质来源

豆奶白薯糊

 6个月+

食材
豆奶（无添加）
　………………… 5～10g
白薯 …………… 5～20g

> 经过再加工的豆奶中会添加调味料、果汁等，辅食阶段还是更适合使用无添加的豆奶。

制作方法
❶ 白薯去皮，煮软，捣碎。
❷ 在白薯碎中加入豆奶，充分搅拌至融为一体。

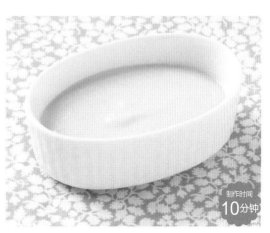

制作时间
10分钟

维生素、矿物质来源　蛋白质来源

黄豆粉西蓝花

6
个月+

食材
黄豆粉…………1 小撮~
　　　　　　　1/2 小茶匙
西蓝花…………5 ~ 10g

> 黄豆粉香味浓郁，
> 非常适合调味。

制作方法
❶ 西蓝花煮软，切下
花头部分，捣碎。
❷ 在西蓝花碎中加入
黄豆粉，搅拌均匀，
加入适量热水，稀释
至顺滑的程度。

制作时间
8分钟

维生素、矿物质来源　蛋白质来源

洋葱黄豆粉糊

食材
洋葱 …………5 ~ 10g
黄豆粉……1/2 小茶匙

> 黄豆粉需要充分搅
> 拌至看不到粉末，以
> 防婴儿食用时呛到。

制作方法
❶ 洋葱煮软。
❷ 洋葱用过滤器过
滤，捣碎，加入黄豆
粉搅拌均匀。

制作时间
10分钟

维生素、矿物质来源　蛋白质来源

南瓜豆腐末汤

食材
南瓜 ……………5 ~ 10g
豆腐（捣碎）……1 小撮~
　　　　　　　　1/2 小茶匙
水淀粉（淀粉：水 =1：2）
………………………少许

> 如果勾芡的程度不
> 够，可以再放入微
> 波炉中加热10秒
> 钟左右。

制作方法
❶ 南瓜去皮，去籽，
煮软。
❷ 将南瓜捣碎，加入
豆腐、1 大茶匙水，
充分搅拌，放入微
波炉中加热20秒钟
左右。
❸ 步骤 ❷ 中加入水
淀粉，快速搅拌、
勾芡。

制作时间
10分钟

豆类和干货 7~8个月 **蠕嚼期**

主要食材 吞咽期 p99 + 纳豆 面筋 烤海苔   海白菜

营养价值很高的纳豆，以及富含维生素、矿物质的烤海苔等也可以开始使用。
面粉可能会导致过敏，因此面筋的添加要视婴儿的状况而定。

维生素、矿物质来源 蛋白质来源

黄瓜泥拌纳豆

食材

黄瓜 ·············· 15g
纳豆碎 ·············· 12g

> 纳豆至少在吞咽期要进行加热，使其更容易消化（可以用微波炉加热，也可以用水煮）。蠕嚼期，纳豆是否加热要具体根据婴儿的情况来判断。在婴儿适应之后，从咀嚼期开始，纳豆就可以不用加热了。

7个月+

制作方法

❶ 黄瓜去皮，擦碎。
❷ 纳豆碎加入耐热容器中，放入微波炉中加热 15 秒钟左右。
❸ 将黄瓜碎和纳豆碎加在一起，搅拌均匀。

制作时间 **8分钟**

维生素、矿物质来源 蛋白质来源

豆奶菠菜糊

食材

豆奶（无添加）···· 2 大茶匙
菠菜（叶）·········· 15g
海鲜汁 ·········· 1/4 杯（50ml）
水淀粉（淀粉：水 =1：2）
·················· 少许

> 有的婴儿虽然不喜欢牛奶，但可以接受豆奶。不妨尝试看看。

7个月+

制作方法

❶ 菠菜叶煮软，切碎。
❷ 锅中加入豆奶、海鲜汁，开火煮。煮沸后，加入水淀粉，快速搅拌、勾芡。

制作时间 **10分钟**

维生素、矿物质来源 蛋白质来源

桃拌豆腐

食材

桃 ·············· 5g
嫩豆腐 ·············· 30g

> 出于防止过敏的考虑，桃加热（可以用微波炉加热）后再用于制作辅食比较好。

7个月+

制作方法

❶ 桃去皮，去核，切碎。
❷ 嫩豆腐焯好后，过一遍凉水，切碎。
❸ 将桃肉碎和豆腐碎加在一起，搅拌均匀。

制作时间 **8分钟**

豆类和
干货

蛋白质来源

海鲜汁豆腐

8
个月+

食材

北豆腐 ······ 40g
海鲜汁 ······ 1/4 杯（50ml）
水淀粉（淀粉：水＝
1：2）······ 少许

> 如果勾芡的程度不够，可以再放入微波炉中加热10秒钟左右。

制作方法

❶ 北豆腐用水焯好后，小心盛入容器中。
❷ 海鲜汁加入耐热容器中，放入微波炉中加热1分钟左右，加入水淀粉快速搅拌、勾芡。完成后浇在北豆腐上。

制作时间
8分钟

维生素、矿物质来源　蛋白质来源

豆腐炖小白菜

8
个月+

食材

豆腐（捣碎）
······ 1 小茶匙
小白菜 ······ 20g
海鲜汁 ······ 1/4 杯（50ml）

制作方法

❶ 小白菜煮软，切碎。
❷ 锅中加入海鲜汁、小白菜碎、豆腐，小火煮1分钟左右。

制作时间
10分钟

维生素、矿物质来源　蛋白质来源

黄油大葱炖面筋

食材

面筋 ······ 2 个
大葱 ······ 20g
黄油 ······ 少许

> 面筋是容易消化的蛋白质。它的保质期较长，所以家中可以常备，非常方便。

制作方法

❶ 大葱切碎。
❷ 锅中加入大葱碎、1/2 杯水、黄油，小火煮5分钟左右。
❸ 面筋切碎，加入步骤 ❷ 中，再煮2分钟左右。

制作时间
10分钟

主要食材　吞咽期 p99 **+** 蠕嚼期 p101 **+** 水煮大豆　羊栖菜

这一时期需要开始注重营养的均衡了。可以多多利用营养价值很高的干货以及富含优质蛋白质的大豆制品。

(维生素、矿物质来源) (蛋白质来源)

豆奶萝卜炖鸡肉

9个月+

食材
白萝卜…20g
鸡胸肉…10g
豆奶（无添加）
　………1~2大茶匙

> 如果婴儿不喜欢吃萝卜，也可以换成大头菜。大头菜煮过之后会变甜，是婴儿很喜欢的食材。

制作方法
❶ 白萝卜去皮，煮软，用叉子等工具捣碎成易食用的程度。鸡胸肉去皮，去脂肪，切成边长5mm的小块。
❷ 锅中加入步骤❶，添水至没过食材，开中火，鸡肉煮熟后加入豆奶，再煮一小会儿。

制作时间 **10分钟**

(维生素、矿物质来源) (蛋白质来源)

纳豆炒菠菜

9个月+

食材
纳豆…………18g
菠菜…………20g
植物油………少许

> 进入细嚼期以后，不使用纳豆碎也可以。纳豆加热之后，口感更软，更容易食用。

制作方法
❶ 菠菜煮软，切成5mm左右的小段。
❷ 平底锅中加入植物油，中火烧热，加入步骤❶翻炒。加入纳豆，快速炒匀。

制作时间 **10分钟**

(维生素、矿物质来源) (蛋白质来源)

水煮蔬菜豆腐沙司

10个月+

食材
胡萝卜……10g
西蓝花……15g
嫩豆腐…30~45g
海鲜汁……1小茶匙

> 西蓝花除了花头部分，花茎部分也可以用来制作辅食。

制作方法
❶ 胡萝卜去皮，和西蓝花一起煮软。切成易于食用的大小，盛入容器中。
❷ 嫩豆腐焯水，用过滤器过滤，加入海鲜汁搅拌均匀，盛入步骤❶的容器中。

制作时间 **10分钟**

蛋白质来源

芝麻油豆腐炒鲣鱼片

11个月+

食材
北豆腐…………45g
鲣鱼片…………2 小撮
芝麻油…………少许

豆腐非常适合作为练习咀嚼的食材，可以尝试切成不同的大小和形状。

制作方法
❶ 平底锅中加入芝麻油，中火烧热，加入北豆腐，一边用炒勺切成易于食用的大小，一边翻炒。
❷ 加入鲣鱼片，翻炒均匀。

制作时间
8分钟

维生素、矿物质来源 **蛋白质来源**

豆腐炖小白菜

11个月+

食材
豆腐 ……… 1/3 块（5g）
小白菜 ……… 30g
海鲜汁 ……… 1/2 杯（100ml）
水淀粉（淀粉：水＝1：2）
……… 少许

豆腐是家中常备的食材。

制作方法
❶ 豆腐用水焯一下，再切成小块。小白菜切成 5～7mm 的小段。
❷ 锅中加入步骤❶、海鲜汁、4 大茶匙水，小火煮 5 分钟左右。
❸ 煮好后加入水淀粉，快速搅拌、勾芡。

制作时间
10分钟

维生素、矿物质来源 **蛋白质来源**

能量来源 **维生素、矿物质来源** **蛋白质来源**

面筋蔬菜香肠

食材
面筋 ……… 3 个
胡萝卜 …… 10g
菠菜 …… 20g
面粉 …… 1/2 大茶匙
植物油 …… 少许

面筋是富含优质蛋白质的食材，且较容易保存，建议多储存一些，方便使用。

制作方法
❶ 胡萝卜去皮，擦碎。菠菜煮软，切成小段。
❷ 碗中加入步骤❶和切碎后的面筋，搅拌均匀，放置一会儿。面筋发起来后，加入面粉搅拌均匀。
❸ 平底锅中加入植物油，中火烧热，将步骤❷揉成长 1～1.5cm 的香肠形，放入锅中，整个煎熟。

制作时间
15分钟

1~1岁半　咀嚼期

主要食材　吞咽期 p99　+　蠕嚼期 p101　+　细嚼期 p103　+　与到细嚼期为止大致相同的食材

几乎所有的大豆制品和干货经烹饪后都可以给婴幼儿食用。
这类食材烹饪起来非常简单，可以尝试各种各样的做法。

能量来源　维生素、矿物质来源　蛋白质来源

豆奶汁烤菜通心粉

1岁+

食材
通心粉……30g
蘑菇（香菇、口蘑等）
　……20g
洋葱……10g
豆奶（无添加）
　……1/3 杯（70ml）
面粉……1 大茶匙
黄油……3g

制作方法
❶ 通心粉煮至软嫩，长条形切成小段。
❷ 蘑菇、洋葱切丁。
❸ 锅中加入黄油，开中火炒至熔化后，撒入面粉，快速搅拌开，加入豆奶和 1 大茶匙水，煮至汤呈糊状。
❹ 加入通心粉搅拌均匀，盛入耐热容器中，放入烤箱烤至变色，约 7 ~ 8 分钟。

制作时间 15分钟

能量来源　维生素、矿物质来源　蛋白质来源

大豆西蓝花饼

1岁+

食材
煮好的大豆……15g
西蓝花……20g
面粉……5 大茶匙
植物油……少许

> 将大豆做成饼，就不必担心会不小心整个咽下去了，可以放心地让宝宝食用。

制作方法
❶ 西蓝花煮软，切碎。煮好的大豆去皮，切碎。
❷ 碗中加入步骤 ❶、面粉、4 大茶匙水，搅拌均匀。
❸ 平底锅中加入植物油，中火烧热，倒入步骤 ❷，两面煎至变色，切成方便食用的大小。

制作时间 10分钟

维生素、矿物质来源　蛋白质来源

黄豆粉酸奶配煎南瓜

1岁+

食材
南瓜……30g
黄豆粉……1 小茶匙
发酵型酸奶……60g
黄油……2g

> 可以将南瓜和黄豆粉酸奶一边搅拌，一边给婴儿食用。

制作方法
❶ 南瓜去皮、去籽，用保鲜膜包好放入微波炉中加热 1 分钟左右。晾凉后切成边长 1cm 的小块。
❷ 将黄豆粉加入发酵型酸奶中，充分搅拌，盛入容器中。
❸ 平底锅中加入黄油，中火加热，加入步骤 ❶，炒好后铺在步骤 ❷ 上。

制作时间 10分钟

维生素、矿物质来源 蛋白质来源

1岁+

南瓜泥煎豆腐

食材

北豆腐 ·········· 50g
南瓜 ············· 30g
芝麻油 ·········· 少许

> 南瓜泥味道香甜，婴幼儿非常喜欢。即使是不喜欢吃的食物，配上南瓜泥，也会变得容易接受。

制作方法

❶ 南瓜去皮、去籽，用保鲜膜包好放入微波炉中加热1分钟左右。
❷ 将南瓜捣碎，加入适量热水，调出软硬适中的南瓜泥。
❸ 北豆腐切成容易食用的小块。
❹ 平底锅中加入芝麻油，中火烧热，放入北豆腐块两面煎至变色。盛入容器中，浇上南瓜泥。

制作时间 **12分钟**

维生素、矿物质来源 蛋白质来源

1岁+

苹果煎豆腐

食材

北豆腐 ·········· 50g
苹果 ············· 10g
黄油 ············· 2g

> 苹果加热后，能使其所含的膳食纤维果胶改善肠胃的功能大大提升。

制作方法

❶ 苹果去皮，切成小薄片。
❷ 锅中加入苹果片、黄油，小火炒。
❸ 加入北豆腐，一边捣碎，一边翻炒1分钟左右。

制作时间 **10分钟**

蛋白质来源

1岁+

面筋饼干

食材

面筋 ············· 3个
白砂糖 ·········· 2小撮

> 注意不要烧焦。要一边烧一边观察颜色的变化

制作方法

❶ 面筋裹上白砂糖，放入烤箱烤4~5分钟。
❷ 面筋容易烤焦，烤的过程中要注意观察烤的程度。

制作时间 **8分钟**

维生素、矿物质来源 蛋白质来源

扁豆豆腐炒鸡蛋

食材

嫩豆腐······30g
鸡蛋液······1/3 个蛋的量
扁豆······40g
海鲜汁······1/3 杯（70ml）

> 扁豆是不容易食用的食材，但是和鸡蛋、豆腐搭配在一起，口感会松软许多，更容易食用。

制作方法

❶ 扁豆切小薄片，和海鲜汁一起加入锅中，小火煮至软嫩。

❷ 嫩豆腐捣碎放入锅中微煮一会儿，再加入鸡蛋液，煮至鸡蛋全熟。

制作时间 **10分钟**

能量来源 维生素、矿物质来源 蛋白质来源

纳豆小白菜天妇罗

食材

纳豆······22g
小白菜······40g
面粉······2 大茶匙
煎炸油······适量

> 煎炸油的温度为170～180℃。用长筷子插入锅中，观察筷子尖周围，当起很多小泡时就是达到温度了。

制作方法

❶ 小白菜切碎。

❷ 碗中加入小白菜碎、纳豆、面粉、1 小茶匙水，搅拌均匀。

❸ 将步骤 ❷ 舀成一口能吃下的大小，下入煎炸油中，炸至变色。

制作时间 **15分钟**

维生素、矿物质来源 蛋白质来源

豆腐炖西红柿

食材

豆腐······8g
番茄汁（不加盐）
······1/2 杯（100ml）
洋葱······30g
海鲜汁······1/4 杯（50ml）
橄榄油······少许

> 如果没有番茄汁，也可以使用水煮西红柿罐头。

制作方法

❶ 豆腐用水焯一下，切碎。洋葱切小丁。

❷ 平底锅中加入橄榄油，中火烧热，加入洋葱丁，快速翻炒。

❸ 加入豆腐碎、番茄汁、海鲜汁，小火炖 5 分钟左右。

制作时间 **15分钟**

水果

水果中糖分含量高，要注意不要摄取过量

　　水果中富含维生素、矿物质及膳食纤维，且具有独特的香甜口感，是婴幼儿非常喜欢的食材。植物性食品中含有的铁成分为非血红素铁，不容易被人体吸收，但橘子、橙子等柑橘类水果中含有的柠檬酸可以使其转化为其他形态的铁元素，更容易被吸收。

　　大部分水果在去除纤维、处理成适合婴儿食用的软硬程度后，都可以从吞咽期开始给宝宝食用。但是，水果糖分含量高，辅食期的食用要适量，维生素、矿物质可以从水果和蔬菜两类食品中摄取，来保证营养均衡。此外，香蕉虽然是提供维生素、矿物质的水果类食品，但由于富含碳水化合物，也可以归为能量来源。

添加时需要注意的水果

菠萝　　　牛油果

芒果　　　果干

　　菠萝和芒果中含有刺激口腔的成分，果干中糖分含量高，这两类食物都要在婴儿9个月大以后再食用。牛油果可以从7个月大开始添加，但由于脂肪含量较高，用量要少。

可以从吞咽期开始添加的水果

苹果	橘子	草莓
葡萄	樱桃	猕猴桃

　　苹果、橘子、葡萄等大部分水果都可以从吞咽期开始给婴儿食用，不过为了防止食物过敏，加热后再给宝宝吃比较放心。

烹饪小窍门

水果和肉一起烹饪，更美味且更容易食用

　　辅食阶段初期，水果加热后再给婴儿食用比较放心。香蕉、苹果加热后甜度还会增加。另外，水果有让肉质变得软嫩的作用，因此很适合搭配肉一起烹饪。配上水果的香甜，肉也会变得更容易食用。

擦碎的苹果

猪肉

炒猪肉和苹果

猪肉切碎，加入擦碎的苹果一起翻炒

烹饪专家的建议
不要过分依赖水果

　　虽然妈妈们会比较想多利用水果来代替蔬菜，但要注意，婴儿习惯了水果的甜味之后，会不喜欢吃其他食物。可以在婴儿生病或是厌倦吃辅食的时候，将水果作为"特效药"，灵活利用。

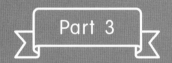

Part 3

省时省力制作辅食
的锦囊妙计

　　制作辅食是每天必做的功课，久而久之，再丰富的创意也会枯竭，食谱变得千篇一律，让人觉得非常麻烦。
　　为了减轻妈妈们的负担，让辅食的制作更加轻松，更加快乐，我们收集了各种各样制作辅食的锦囊妙计。

有效缩短烹饪时间的窍门

省时省力，快速烹饪

妈妈们一定希望在每天制作辅食的过程中，能更轻松更有乐趣。为了满足这一愿望，下面将给大家介绍一些缩短时间的烹饪建议。

节省时间
充分利用家电或方便食材

照顾辅食阶段的宝宝，本身已经很消耗精力了，所以妈妈们一定希望在制作辅食时缩短一些时间。缩短辅食制作时间的主要理念其实不是"如何短时间内完成辅食"，而是"如何节省时间"。比如，土豆带皮煮好后再去皮会容易许多，还可以节省清洗削皮器等的时间。另外，"交给家电"也是关键点。把食物的烹饪交给电饭锅、微波炉等烹饪家电，也是节省时间的好办法。第三，把大量的食材一样一样地处理、烹饪是非常麻烦的，所以，如何将大量的食材一起处理、烹饪，也是我们要考虑的。我们在制作辅食的过程中节省下来的时间，可以用来更多地陪伴婴儿和家人，同时还可以减少自己的劳动时间，减轻自己的负担。因此，思考缩短时间的办法很重要。

短时烹饪5个要点

1 不做多余的工作，不扩展处理的范围

烹饪的时候，总是不知不觉就做了许多多余的工作。而要想节省时间，减少劳动，我们就要考虑如何"不做"，比如根据辅食的不同阶段，可以不削皮、不过滤，等等。

2 选择处理起来不麻烦的食材

选择方便处理的食材，可以有效缩短时间。比如选择加热生鱼片，可以不必去鳞、去刺，或是选择容易捣碎的豆腐。

3 保存的时候放在一起，解冻更容易

"放在一起""整合起来"也是节省时间的要点。特别是经常使用的食材可以切好后一起放入冰箱中保存，这样使用时就可以一起解冻。

4 选择烹饪方法，不必全靠双手

把烹饪交给家电，是非常有效的省时方法，比如用一个锅来处理食材，利用微波炉、电饭锅、保温器等家电。

5 灵活利用方便食物

根据需要，可以灵活地利用让烹饪变得简单的方便食物或是宝宝食品（p126）。这样不仅会让烹饪变得更有乐趣，处理起来也更容易。

交给它就能轻松搞定的便利家电

微波炉的高效利用法

极致便利的必需品 ——"放进去就可以烹饪"的微波炉

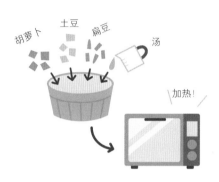

5倍粥 米饭30g＋水60ml＝煮好的量约70g

软米饭 米饭60g＋水60ml＝煮好的量约80g

用微波炉烹饪，事后收拾起来也轻松许多！

微波炉不仅可以用来煮、蒸食物，还可以做类似炒的烹饪。用耐热容器进行烹饪，取出后直接端上饭桌就可以。并且还不用开火，不必担心宝宝进厨房的安全问题。

粥也可以用微波炉来做！

将上述食材加入大一点的耐热碗中，放入微波炉中加热（5倍粥约3分钟，软米饭约4分钟），包上保鲜膜或盖上盖子蒸10分钟，就可以简单地做成粥了。肉丸子也推荐用微波炉来做。

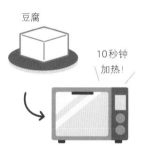

勾芡也不必用到锅

如果是少量勾芡，选择微波炉十分便利。将少量淀粉加到用微波炉加热至烫的热水或海鲜汁里，快速搅拌，勾芡即可完成。如果芡汁不够浓，再放进微波炉里加热10秒钟，快速搅拌。

豆腐表面的细菌可通过微波炉杀灭

豆腐表面可能会附着许多细菌，建议开火用水焯一下。如果用微波炉，可以用餐巾纸将豆腐包好，放入微波炉中加热10秒钟左右，这样就可以简单完成杀菌了，同时还可以沥干水分。

保留蔬菜的营养短时间变得软嫩

根菜类食材不易煮烂，用微波炉可以简单地让其变得软嫩。加热时间很短，营养也不容易被破坏，这也是一大优点。同时，你也不必一直站在灶台前，省时又省力，一举两得！

省时又轻松！烹饪工具的 高效利用法

对于麻烦的食材处理工序以及烹饪过程，有了它们就会变得非常顺畅！下面就来介绍便利省时的烹饪工具。

厨房剪刀

面条、蔬菜都可以快速剪碎

　　用厨房剪刀来剪较长的面条或肉类食品，非常方便。处理带叶的蔬菜时也不必用到菜刀、菜板，简简单单就可以将它们剪碎。

带手柄漏勺

用于蔬菜等分开来煮的时候

　　带手柄的小号漏勺，可以用来煮黄油，或是将切好的蔬菜放入漏勺中，再将漏勺放入锅中，实现食材分开煮，非常方便。

擦泥器

食物冻着的时候使用更节省时间

　　想要将鸡胸肉、面包擦碎的时候，趁食材冻着的时候来处理更省时间。生蔬菜直接擦进锅里也可以。

擦丝器

细丝、薄片都可以用它搞定

　　想要将蔬菜切成细丝时，用擦丝器非常方便。刀刃的粗细、大小都可以调节，所以什么样程度的细丝都可以搞定。

手动搅拌器

糊状的汤一瞬间就可以做好

　　使用手动搅拌器，可以将食材搅得既细碎又顺滑，粥或汤都可以轻松做好。并且可以直接插进锅中使用，省去了清洗容器的步骤。

食物搅拌器

短短一瞬间就可以弄得很碎

　　食物搅拌器中的刀刃高速转动，蔬菜放入后一瞬间就可以搅拌得很碎。在将多种食材同时弄碎的时候，也非常便利。

煮鸡蛋切片器

不仅可以用来切鸡蛋，还可以切蔬菜

煮鸡蛋切片器不仅可以用来切煮鸡蛋，还可以用来切煮好的蔬菜。它可以同时切出同样厚度的片，所以也很适合用于切割用手抓着吃的食物。

叉 子

便利的省时工具

叉子也是能够节省时间的工具。可以用来将煮软的少量蔬菜捣碎，比起捣泥碗和捣碎器，叉子更加方便。

削皮器

想要切少量薄片时也非常便利

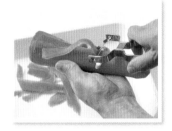

削皮器不仅可以用来削蔬菜的皮，还可以用来切少量薄片。便于取用，操作起来也很轻松。

打泡器

吞咽期会经常用到

搅拌时可以产生较小泡泡的打泡器。已经煮得很软的粥或食材在使用了打泡器后，颗粒会更加细碎。

硅胶蒸笼

可以利用微波炉，非常便利

硅胶蒸笼是硅胶材质且可以放入微波炉中的便捷烹饪器具。不仅可以将食材煮至软嫩，炖、煎等各种各样的烹饪也都可以完成。

微波炉压力锅

简单处理后就可以开始炖

微波炉压力锅是具备高压锅功能、放在微波炉中使用的烹饪器具。煮烂蔬菜、丸子，或是做炖菜的时候，只要放进微波炉里，无需照看就可以轻松完成。

前辈的省时妙招

乌冬面放入碗中，用辅食专用剪刀剪

使用辅食专用剪刀，可以将乌冬面或加餐用的食物等放入容器中，直接剪成小段。这样，就不必用到菜刀、菜板。剪的时候也更加卫生。还很适合带着外出食用，非常方便。（东京都／S.M女士）

利用电饭锅同时做粥和米饭

煮饭的时候，将米和10倍量的水倒入耐热容器中，放进电饭锅的正中间，按开关！米饭煮好的时候，粥也完成了。将米碾碎后煮，捣碎工作也会轻松许多。（宫城县／T.A女士）

前辈的省时妙招根菜整棵放入电饭锅中煮软

用电饭锅煮饭或粥的时候，可以将胡萝卜、土豆等连皮用锡纸包好，放入锅中一起煮。蔬菜可以变得非常软嫩。（兵库县／O.M女士）

*利用电饭锅的省时窍门，根据机种的不同，可能有不适合、不能使用的。要参照说明书仔细确认。

用冰箱保存的基本原则

掌握好用冰箱保存的基本原则以后，制作新鲜的辅食就变得非常简单了！

食材保鲜的基本方法

让每天的辅食制作变得轻松

每天都要做很少量的辅食，非常麻烦。下面就为大家介绍令食材保鲜的窍门，让你不再为此烦恼！

1 放进冰箱要趁新鲜

食材即使冷藏，随着时间的延长，新鲜度也会降低，营养也会损失。冷冻保存时，要选择新鲜的食材，尽可能在买的当天就用正确的方法放进冰箱。

2 要彻底冷却后再放入冷冻室里

食材在冷冻前一定要先加热，加热后要等食材完全冷却后再放进冷冻室里。如果食物还是温的就放进去，很容易滋生细菌。

3 将食材分成几份，每份为一次食用的量

将食材分成几份放入冰箱，每份为一次食用的量。使用的时候，只解冻要食用的那一份，这样烹饪所需的时间会大大缩短，食材也可以更好地保鲜。

4 尽可能让冷冻的时间短一些

若冷冻的时间较长，会破坏食材的细胞，细菌也更容易繁殖。如果想要快速冷冻，使用导热性好的金属盘子效果很好。

5 充分隔绝水分和空气，密封状态冷冻

食材和空气接触，容易干燥、酸化。并且如果残留水分，还容易结霜，味道和口感都会大打折扣。所以将食材密封起来，充分沥干水分，隔绝空气。

有的食物不适合冷冻

生菜、黄瓜等生的蔬菜，冷冻后水分会蒸发，味道也会变差，因此不适合冷冻保存。土豆等淀粉质食品、鸡蛋黄（蛋清可以冷冻）、豆芽等也是不适合冷冻的食材。

解冻的基本原则

为了吃得安全又美味，掌握解冻的基本原则必不可少。

1 从冰箱取出后一定要先加热再食用

如果等食物慢慢地自然解冻，细菌很容易繁殖，所以要趁冻着的时候利用微波炉来加热，水分多的食物可以趁冻着时加入食材再加热。鱼、肉二次加热后会变硬，所以要生着放进冰箱冷冻，解冻后再进行加热及其他处理。

2 加热的时候加少量水

解冻的时候，如果是水分较少的食材放入微波炉中进行二次加热，会变得很干，口感也会变差。所以需要在加热或解冻前加一点水或汤。

3 利用微波炉可以缩短加热时间

如果是只解冻一次食用量的辅食，因食材量太少，若放入微波炉中加热过久会变硬，所以要将加热时间设定得短一些，分几次加热。

4 1周之内用完的量比较合适

辅食容易变质，冷冻时间越长，味道就会越差，1周内可以用完的量是比较合适的。把食材冷冻的日期记下来，会更清楚。

5 解冻过的食材不要再次冷冻

解冻过的食材再次冷冻是不可以的。食材容易变质，不卫生，味道也会变差。使用冰箱里储存的食材做好的食物，再放入冷冻室也是绝对不可以的。

剩菜不可以冷冻！

婴幼儿一定有不怎么想吃辅食的时候。即使这样，宝宝当顿吃剩的饭菜绝对不能再放入冰箱冷冻。剩菜中残留宝宝的口水，极易滋生细菌，非常不卫生，所以切记不可以。

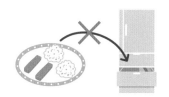

保存分装小窍门

制冰盘

海鲜汁、汤等流动性强、颗粒较细的食物，用制冰盘来装很方便。冻好后取出，用密闭容器储存。

保鲜袋

将食材汇到一起冷冻的时候，使用保鲜袋，可以冻得又薄又平整，非常便利。它有大、中、小号之分，可以根据需要选择。

保鲜膜

将水分较少的食材分成几份，每份是一次食用的量，这时进行分装的时候，使用保鲜膜非常合适。它可以包得很平整。

迷你分装容器

将食材分成几份，每份是一次食用的量，这时进行分装的时候，使用带盖子的小号密闭容器非常便利。它耐热性好，可以直接放入微波炉中加热，非常值得推荐。

食材保鲜的简单窍门

如果选择适当的方式来保存食物，可以让辅食的制作无论何时都非常简单。

粥	胡萝卜	菠菜

 吞咽期

 吞咽期

 吞咽期

10倍粥捣碎，分成几份，每份为1次食用的量（15g），放入制冰盘中冷冻。冻好后，从制冰盘中取出，放入保鲜袋中保存。

胡萝卜煮软后捣碎，放入保鲜袋中，压平，冷冻起来。使用时每次取1次食用的量（10～15g）。

菠菜只留下菜叶部分，煮软后捣碎，分成几份，每份为1次使用的量（10～15g），放入制冰盘中冷冻。将冻好的菠菜取出放入保鲜袋中保存。

 蠕嚼期

 蠕嚼期

 蠕嚼期

7倍粥分成几份，每份为1次食用的量（50g）。放入分装容器中，或是每4份一起放入保鲜袋中，用筷子等划出折痕，区别每次的量，然后冷冻起来。后半阶段，5倍粥1次的量为80g。

胡萝卜煮软后切碎，放入保鲜袋中，压平，冷冻起来。使用时每次取1次食用的量（15～20g）。

将菠菜叶煮软后切碎，放入保鲜袋中，压平，冷冻起来。分成几份，每份为1次使用的量（15～20g）。

 细嚼期

 细嚼期

 细嚼期

软米饭分成几份放入分装容器中，或用保鲜膜包成平整的形状冷冻起来，每份为1次食用的量（90g）。咀嚼期后半阶段，可以和大人食用一样的米饭，1次的量为80g。

胡萝卜煮软后切成边长7mm的小块。分成几份放入分装容器中或用保鲜膜包好冷冻起来，每份为1次食用的量（约20～30g）。

菠菜叶煮软后切小段。分成几份放入分装容器中包上保鲜膜，每份为1次使用的量（煮好后为20～30g）。

 咀嚼期

 咀嚼期

 咀嚼期

5倍粥分成几份放入分装容器中，或用保鲜膜包成平整的形状冷冻起来，每份为1次食用的量（90g）。后半阶段，软米饭1次的量为80g。

胡萝卜煮软后，切成容易用手抓着吃的大小。分成几份放入分装容器中或用保鲜膜包好冷冻起来，每份为1次食用的量，（约30g）。

菠菜煮好后沥干水分，用保鲜膜包成长条形冷冻起来。解冻后，切成1次食用的量（煮好后为40g）。

南　瓜

吞咽期

　　南瓜煮软后，捣碎，分成几份，每份为1次食用的量（10～15g），放入制冰盘中冷冻。冷冻后从制冰盘中取出，装入保鲜袋中保存。

蠕嚼期

　　南瓜煮软、捣碎后，装入保鲜袋中，压平后冷冻起来。分成几份，每份为1次食用的量（15～20g）。

细嚼期

　　南瓜煮软，捣碎后搓成几团，1个团子为1次食用的量。用保鲜膜包好冷冻起来。细嚼期前半阶段1次食用的量为20g，后半阶段为30g。

咀嚼期

　　南瓜煮软后，切成边长1cm的小块。切成几份，每份为1次食用的量，切好后装入分装容器中，用保鲜膜包好冷冻起来。1次的量为30～40g。

圣女果

细嚼期

咀嚼期

　　洗净后去蒂，一个一个地放入保鲜袋中冷冻。冷冻后不必焯水就可以简单地去皮。

白肉鱼

吞咽期

　　鱼肉加热后，去鳞，去刺，捣碎后分成几份，每份为1次食用的量（5～10g），用保鲜膜包好冷冻。使用时趁冻着加热解冻。

蠕嚼期

细嚼期

咀嚼期

　　鱼肉去鳞、去刺后切成几份，每份为1次食用的量（10～20g），分别用保鲜膜包好冷冻。

牛肉

细嚼期

咀嚼期

　　牛肉切成几块，每块为1次食用的量（15～20g），用保鲜膜包好冷冻。

鸡脯肉

蠕嚼期

细嚼期

咀嚼期

　　去筋后切成几块，每块为1次食用的量（10～20g），用保鲜膜包好冷冻起来。使用时可以直接加热解冻，也可以趁冻着时切碎再加热。

纳　豆

蠕嚼期

细嚼期

咀嚼期

　　分成几份，每份为1次食用的量（15g），用保鲜膜包好后冷冻。

海鲜汁（汤）

吞咽期

蠕嚼期

细嚼期

咀嚼期

　　海鲜汤做好后分成几份放入冰箱冷冻保存非常方便。海鲜汤煮好后，倒入制冰器中，分格子冷冻起来（海鲜汤的制作方法参考p37）。冻好后取出，装入保鲜袋中保存。蔬菜汤也可以用同样的方法冷冻。

把食材保鲜的技巧结合起来，还会让营养更均衡！

　　经常使用的食材，切成符合各个时期的大小，混在一起冷冻，这样加热的时候可以一起完成，非常轻松，并且营养也更均衡。另外，像意大利面等一次可以多做一些的食品，做好后分成几份冷冻，使用时只要放进微波炉里加热一下就可以轻松完成。

经常使用的食材混在一起冷冻！

食材放在一起组成1次食用的量保存！

　　食材混在一起冷冻，或者食材放在一起做好后分成小份冷冻，简简单单就可以让辅食的营养更均衡。

呑咽期 | 处理食材非常麻烦的时期更需要保鲜食材！

为大家介绍在不同时期，如何高效地利用一些可以随意搭配的保鲜食材，制作辅食。

用保鲜食材制作辅食

食材保鲜

维生素、矿物质来源 蛋白质来源

糊状的白肉鱼切记不要加热时间过长。

白肉鱼胡萝卜糊

6
个月+

食材
冷冻白肉鱼
（捣碎）……5g
冷冻胡萝卜
（捣碎）……10g

制作方法
将全部食材加入耐热容器中，用保鲜膜包好放入微波炉中加热30秒钟左右，搅拌均匀。

食材保鲜

能量来源 维生素、矿物质来源 蛋白质来源

把食材加入粥中搅拌，勾芡，更容易食用。

菠菜白肉鱼粥

6
个月+

食材
冷冻菠菜
（捣碎）……10g
冷冻白肉鱼
（捣碎）……5g
冷冻10倍粥
…… 2大茶匙（30g）

制作方法
将全部食材加入耐热容器中，用保鲜膜包好放入微波炉中加热2分钟左右，搅拌均匀。

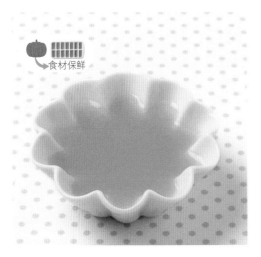

食材保鲜

维生素、矿物质来源

加上南瓜的甘甜，海鲜汁也更加美味。

海鲜汁南瓜

6
个月+

食材
冷冻南瓜
（捣碎）…… 5g
冷冻海鲜汁
…… 25ml（1/8杯）

制作方法
将全部食材加入耐热容器中，用保鲜膜包好放入微波炉中加热1分钟左右，搅拌均匀。

蠕嚼期

利用更多的冷冻食材来让食谱更加丰富。

加入纳豆，营养翻倍！

纳豆南瓜粥

食材
冷冻纳豆碎 ··· 12g
冷冻南瓜（捣碎）
·············· 15g
冷冻 7 倍粥 ··· 4½ 大茶匙
（50g）

制作方法
❶ 将纳豆碎加入耐热容器中，用微波炉加热 30 秒钟左右。
❷ 将南瓜加入耐热容器中，倒入 7 倍粥，用保鲜膜包好放入微波炉中加热 3 分钟左右。
❸ 将纳豆碎和步骤 ❷ 混在一起，搅拌均匀。

7 个月 +

食材保鲜

使用冷冻食材来制作浓汤更方便。

胡萝卜浓汤

食材
冷冻胡萝卜（切碎）
·············· 15g
牛奶 ······· 3 大茶匙

制作方法
将全部食材加入耐热容器中，用保鲜膜包好放入微波炉中加热 1 分钟左右，搅拌均匀。

7 个月 +

食材保鲜

加入西蓝花，让辅食更多"彩"。

鸡脯肉拌西蓝花

食材
冷冻鸡脯肉 ····· 15g
冷冻西蓝花 ····· 20g

制作方法
将全部食材加入耐热容器中，用保鲜膜包好放入微波炉中加热 1 分钟左右，一边捣碎一边搅拌。

8 个月 +

食材保鲜

食材保鲜

（维生素、矿物质来源）（蛋白质来源）

味道清淡的白肉鱼搭配上番茄汁，不仅多了酸味，颜色也更好看。

白肉鱼番茄沙司

9 个月+

食材

冷冻白肉鱼 … 15g

冷冻西红柿（去皮、去籽）

…………… 20g

制作方法

❶ 耐热容器中加入白肉鱼，用保鲜膜包好放入微波炉中加热 20 秒钟左右，晾凉后，用叉子

捣成小块。

❷ 将西红柿加入耐热容器中，用保鲜膜包好放入微波炉中加热 30 秒钟左右. 用叉子捣碎。

❸ 将白肉鱼块盛入容器中，浇上西红柿酱。

食材保鲜

（维生素、矿物质来源）（蛋白质来源）

味道浓郁的勾芡汤会让人爱不释"口"！

鸡胸肉菠菜汤

9 个月+

食材

冷冻鸡胸肉 ……… 15g

冷冻菠菜（切碎）… 20g

冷冻海鲜汁 ……… 1/3 杯

水淀粉（淀粉：水 =

1：2）…………… 少许

鸡胸肉需要把皮去除后再冷冻。

制作方法

❶ 锅中加入海鲜汁、鸡胸肉、菠菜，开小火煮。

❷ 海鲜汁煮沸、食材煮熟后，捞出鸡胸肉，切成边长 7mm 的小块，再放回锅中。加入水淀粉，快速搅拌，勾芡。

食材保鲜

（能量来源）（维生素、矿物质来源）（蛋白质来源）

非常适合用手抓着吃的胡萝卜丸子烧。

纳豆胡萝卜丸子烧

11 个月+

食材

冷冻纳豆 … 18g

冷冻胡萝卜 … 30g

面粉 … 2 大茶匙

植物油 … 少许

制作方法

❶ 将纳豆、胡萝卜加入耐热容器中，用保鲜膜包好放入微波炉中解冻。

❷ 步骤 ❶ 中加入面粉，搅拌让食材均匀裹上面粉。

❸ 平底锅中加入植物油，中火烧热，用勺子将步骤 ❷ 舀成一口大小的丸子放入锅中，两面煎熟。

咀嚼期

蛋白质来源的食材也可以选择保鲜食品，让我们来灵活利用吧。

[维生素、矿物质来源] [蛋白质来源]

南瓜的甘甜搭配鸡肉的清香，会让整体的味道更温润饱满。

南瓜炖鸡肉

1岁+

食材保鲜

食材
冷冻南瓜（切小块）
　………………30g
冷冻鸡腿肉 ……15g
冷冻海鲜汁 ……1/3 杯

鸡腿肉需要把皮去除后再冷冻。

制作方法
将全部食材加入锅中，开小火炖，直到海鲜汁溶于汤中，食材全部煮熟。捞出鸡腿肉，切成边长1cm的小块，再放回锅中继续炖。

[能量来源] [维生素、矿物质来源] [蛋白质来源]

利用保鲜食材，轻松完成这道营养满分的辅食。

肉末菠菜炒饭

1岁 3个月+

食材保鲜

食材
冷冻牛肉馅 ……20g
冷冻菠菜 ………40g
冷冻米饭 ………80g
植物油…………少许

制作方法
❶ 牛肉馅、菠菜、米饭分别放入微波炉中解冻。菠菜切成1cm长的小段。
❷ 平底锅中加入植物油，中火烧热，加入步骤❶快速翻炒。

[维生素、矿物质来源] [蛋白质来源]

辅食的外形非常可爱，用手抓着吃会更加有趣！

小沙丁鱼南瓜茶巾包

1岁 3个月+

食材保鲜

食材
冷冻小沙丁鱼 …15g
冷冻南瓜 ………40g

小沙丁鱼需要去除盐分后再冷冻。

制作方法
❶ 将全部食材加入耐热容器中，用保鲜膜包好放入微波炉中加热1分30秒左右，搅拌均匀。
❷ 用叉子将步骤❶捣碎，至南瓜呈泥状。用保鲜膜包好，用力握紧。

培养孩子「想要吃饭」的意识

细嚼期以后，宝宝会越来越多地用手抓食物来吃。结合发育情况，我们将发育分为三个阶段，下面就来分别说明。

用手抓着吃是自立的第一步，放开手让孩子去做

宝宝9个月大以后，试图用自己的手或手指去碰食物，或是想要将食物放入嘴里，这样的行为会经常出现。胡乱地搅和容器中的食物、将食物抓起又掉在地上，等等，这些对于大人来说是吃得到处都是的行为，但对于婴幼儿来说，是在用自己的手去确认食物，这是非常重要的学习阶段。所以我们需要多做一些方便用手抓着吃的辅食。

用手抓着吃的烦恼Q&A

Q 搞得一塌糊涂，为什么让孩子用手抓着吃东西很重要？

A 这是孩子发育过程中所必需的行为

用手抓着吃是婴儿养成自己吃饭的意识的证明。并且，充分地让宝宝用手抓着吃东西，也是为能够很好地使用勺子打好基础。

Q 随便地用手抓，但完全没有在吃饭

A 如果玩的时间太长就先结束

妈妈一直陪着孩子边玩边吃也是很头疼的。可以采取一些办法，比如为了让宝宝饿，饭前不给牛奶，或是过了10分钟还没有好好吃饭就结束这一餐。

Q 边玩边吃的现象非常严重 桌子搞得特别脏，受不了！

A 可以采取在桌上铺桌布等对策

婴儿通过弄碎食物、将食物弄掉来记忆食物的软硬。可以在桌上铺上报纸或桌布等，这样收拾起来就轻松多了。

Q 若不让宝宝用手抓着吃 他们就不会想要自己吃饭

A 宝宝做到了要夸奖！ 这样能够培养他们的干劲

培养自己吃饭的意识也是很重要的。在宝宝肚子饿的时候，给他们容易用手抓着吃的食物。如果他们用手抓着吃了，就要多多地给予夸奖。

容易用手抓着吃的烹饪建议

切成条	团成团	压成饼

将食材切成细长条形，方便用手指抓起。这是最常用的简单制作手抓辅食的办法。	将食材团成饭团或茶巾包的形状，宝宝可以非常轻松地抓起、弄碎，所以非常适合用手抓着吃。	将食材混在一起，处理得稍微紧实一些，硬度为宝宝可以用手指轻松弄碎的程度。

阶段 1

细嚼期前半阶段为练习阶段

食物的形状要明显，容易弄碎的硬度是最好的

细嚼期前半阶段，是婴儿开始出现自己吃饭这一意识的时期。所以需要在辅食食谱中加入可以用手抓着吃的辅食。由于这一时期宝宝还很难灵活地用手指抓起东西，所以食物的形状要明显，并且硬度应为可以用牙龈磨碎的程度。虽然不能一拿起来就碎了，但是最好软一些，可以轻松地将食物弄散开。虽然他们不过是在用手将食物弄碎、在桌子上蹭来蹭去或是把食物弄得到处都是，看起来像是在用玩拖延时间，但这正是宝宝通过这些行为来感受食物的触感和温度的时期。妈妈们需要放开手，给宝宝15～20分钟的时间，让他们自由地去做。

能量来源 **维生素、矿物质来源**

把粥做成小饼，更适合用手抓着吃。

5 倍粥搭配胡萝卜饼

9 个月+

圈形

食材
5 倍粥（p36）
      …… 4 大茶匙（60g）
胡萝卜 ……………… 20g
面粉 ………… 3 大茶匙
植物油 …………… 少许

制作方法
❶ 胡萝卜擦碎。
❷ 将胡萝卜碎和 5 倍粥、面粉混合在一起，搅拌均匀。
❸ 平底锅中加入植物油，中火烧热，将步骤 ❷ 舀成一口大小的丸子形，放进锅中两面煎熟。

能量来源 **维生素、矿物质来源** **蛋白质来源**

将面包布丁切成条形。

胡萝卜面包布丁

9 个月+

条形

食材
方形面包
      …………………25g
鸡蛋液
      …… 1/2 个蛋的量
胡萝卜汁
      ………… 2 大茶匙

制作方法
❶ 鸡蛋液倒进耐热容器中，加入胡萝卜汁，搅拌均匀。
❷ 将方形面包撕成小块，浸入步骤 ❶ 中。
❸ 面包充分吸收鸡蛋液后，用保鲜膜包好放入微波炉中加热 1 分 30 秒左右。
❹ 步骤 ❸ 晾凉后，切成条形。

阶段2

可以很好地吃块状食物以后

靠蠕嚼可以吃的稍硬一些的块状食物

婴儿习惯了用手抓着吃，并且有了一定的咬力之后，可以做一些稍微硬一点的辅食。做成块状是关键。

这一时期，婴儿还没办法很好地活动手指，无法顺利地拿起食物送到嘴里，桌子、床上也常常会弄得很脏。但是，通过活动手和手指，将食物送到嘴里这一过程，是必不可少的训练。婴儿经过活动手和手指的练习，会更好地使用勺子、叉子。这一时期，尤其要放开手，让宝宝自由地去用手抓着吃饭。

能量来源 维生素、矿物质来源 蛋白质来源

婴儿也非常喜欢。

9 个月+

肉丸子

食材

混合肉馅（猪肉 +
　牛肉）…………15g
胡萝卜 ………… 20g
面包粉 ……… 1 大茶匙
面粉 ……… 1 小茶匙
植物油 …………… 少许

制作方法

❶ 胡萝卜擦碎，加入面包粉搅拌均匀。
❷ 步骤 ❶ 中的面包粉发起来以后，加入混合肉馅、面粉混合均匀。
❸ 平底锅中加入植物油，中火烧热，将步骤 ❷ 舀成一口大小（直径1.5cm左右）的丸子状，两面煎至变色。

能量来源 维生素、矿物质来源 蛋白质来源

多种食材放在一起来煎的一道营养满分的辅食。

11 个月+

大阪烧

食材

卷心菜 ………… 30g
鸡蛋液
　…… 1/2 个蛋的量
面粉 ……… 3 大茶匙
植物油 ………… 少许

制作方法

❶ 卷心菜焯水，切碎。
❷ 碗中加入卷心菜碎、鸡蛋液、面粉，搅拌均匀。
❸ 平底锅中加入植物油，中火烧热，倒入步骤 ❷，两面煎至金黄色。切成边长 1 ~ 2cm 的小块。

阶段3

咀嚼期可以调整辅食的形状和硬度增加难度

让婴儿可以通过一种食材练习用牙齿咬食物

进入咀嚼期后，可以适当调整辅食的形状和硬度，让辅食的食用难度增大一些。例如，让婴儿练习用手抓取食物，送进嘴里，用牙齿将食物咬碎。可以将蔬菜和肉等食材混合在一起来制作辅食，也可以将辅食做成不能一口吃下，需要2～3口吃完的大小。尽可能地把软的食材团在一起，做成容易弄散开的程度，这对婴儿来说是很好的练习。饭团很容易用手抓着送进嘴里，并且很轻松就可以弄散开，所以非常适合在这一时期给婴儿食用。如果想要加海苔，最好将海苔撕碎后撒在饭团上，而不要整张包在饭团外面，这样比较容易用牙齿咀嚼。

能量来源 维生素、矿物质来源

炸蔬菜条非常适合用手抓着吃。

炸蔬菜条

1岁+
条形

食材		制作方法
土豆	30g	❶ 土豆、胡萝卜、彩椒沥干水分，切成条。
胡萝卜	20g	❷ 锅中加入植物油，油温烧至180℃，步骤❶下锅炸熟，用餐巾纸擦干多余的油分。
彩椒	10g	
植物油	适量	

能量来源 维生素、矿物质来源

在可以一口吃下的饭团上撒上海苔碎。

球球饭团

1岁
3个月+
球形

食材		制作方法
米饭	80g	❶ 将温热的米饭和鲣鱼片拌在一起，团成可以一口吃下大小的饭团。
鲣鱼片	1g	❷ 将海苔撕成碎片，撒在步骤❶上。
烤海苔（整张）	1/3张	

宝宝食品的灵活利用方法

毫不费事！搭配也很容易

宝宝食品种类繁多，又很容易制作。下面就为大家介绍宝宝食品的种类以及高效的使用方法。

根据发育程度以及用途来更好地利用

宝宝食品（BF）能够配合婴幼儿的发育程度而提供适当的营养补给，不仅包括谷类、蔬菜、水果，还涵盖了肝脏、白肉鱼等多种多样的食材。此外，宝宝食品的制作采用罐装或真空包装等多样的保存方式，在市场上售卖。我们可以将它们和手工制作的辅食搭配起来，配合其特征和使用目的，灵活地发挥它们的作用。

各类宝宝食品的使用方法

市场上售卖的宝宝食品主要分为四类。
让我们来了解一下它们不同的特征。

冲剂粉类食品

搭配海鲜汁、汤非常便利

冲剂粉类食品是将烹饪好的食材通过干燥处理后制成的粉末状食品。它的使用方法是加入热水中搅拌均匀就可以。搭配不同的食材，会产生不同的味道，还可以用于勾芡。

冷冻脱水干燥（简称冻干）食品

只要加热水就可以完成

冻干食品是将烹饪好的食材经过冷冻干燥处理后的一类食品。它的特征是食材的味道、颜色、香味都不会被破坏。并且它的质量很轻，只需要加上热水冲泡就可以食用。

罐装食品

打开即可食用，省事是最大的优点

罐装食品是将烹饪过的食品用小罐密封起来的一类辅食。只要开盖就可以直接食用，这是它最大的优点。并且它不需要另取容器，很适合外出时携带。

真空包装食品

从正餐到加餐，种类丰富

真空包装食品只要打开容器就可以直接食用。加热后食用味道更好。既有主食，也有加餐，种类非常丰富。

126

这些时刻，有了宝宝食品非常方便

时间不充裕的时候，即开即用的宝宝食品就派上了用场，并且可以简简单单地给宝宝均衡的营养。

初次尝试某些食材时

初次给宝宝食用的食材，选择宝宝食品，可以观察它勾芡的浓度、顺滑程度，等等，为手工制作提供参考，是不是很棒！刚开始添加辅食的时候，会非常担心花了这么多功夫宝宝却不吃，有了宝宝食品，这样的压力也就不存在了。

旅行、外出时

宝宝食品是将烹饪好的食品真空密封起来的，因此很卫生。打开就可以直接食用是其最大的优点。罐装或袋装的包装，不需要其他容器，所以旅行或外出时带上非常方便。

想要节省时间时

宝宝食品多是将蔬菜、肉等做成糊状，所以可以省去处理食材的麻烦。不过它的味道和软硬程度会有一些单一，不妨搭配一些其他食材，或是和自己做的辅食结合在一起。

打造均衡营养时

制作辅食时，分别处理各种各样的食材是一件非常花时间的事。但是营养均衡又不得不考虑这件事，所以就选择宝宝食品吧，只需一道就可以达到目的。它可以让你轻轻松松地满足宝宝所需的营养。

忙碌疲倦时

照顾辅食时期的婴儿很辛苦。即使是每天都自己做辅食的妈妈，也会遇到没时间或是身体不舒服的时候，所以准备一些宝宝食品以备不时之需。

想变换花样时

设计辅食食谱并不容易，不知不觉宝宝的辅食食谱就可能会变得单调起来。宝宝食品种类繁多，推荐作为食谱的参考，也可以用来搭配自己手工制作的辅食。

灵活利用宝宝食品

利用宝宝食品完成的简单食谱。推荐搭配一些有嚼劲的食材。

吞咽期

粉类食品 使用冲剂

能量来源　维生素、矿物质来源　蛋白质来源

（6 个月+）

豆腐土豆炖蔬菜汤

食材
蔬菜汤粉（BeanStalk）
　……1 袋（1.5g）
豆腐 ……20g
土豆 ……20g
制作方法
❶ 土豆切成薄片。
❷ 蔬菜汤粉加入锅中，

添 150ml 水，使粉末溶开。
❸ 土豆片沥干水后加入蔬菜汤中，煮至软嫩。加入豆腐，再稍煮一会儿（煮好后的汤盛出备用），将土豆和豆腐捣碎，加入煮好后的汤稀释。

包装真空食品 使用

能量来源　维生素、矿物质来源　蛋白质来源

（6 个月+）

小沙丁鱼玉米粥

食材
玉米粥（丘比）
　……1 袋（80g）
小沙丁鱼干 …5g

制作方法
❶ 小沙丁鱼干用热水煮 5 分钟左右，滤去盐分，捣碎。
❷ 玉米粥加热后，将小沙丁鱼干碎加入其中，搅拌均匀。

蠕嚼期

使用罐装食品

能量来源　维生素、矿物质来源　蛋白质来源

（7 个月+）

鸡脯肉黄绿色蔬菜面包粥

食材
鸡脯肉黄绿色蔬菜罐头
（丘比）……1 罐（70g）
方形面包 …15g
制作方法
❶ 将方形面包撕成小块，加 2 大茶匙水，放置一会

儿后倒入耐热容器中，用保鲜膜包好放入微波炉中加热 30 秒钟左右。
❷ 将鸡脯肉黄绿色蔬菜罐头加入步骤❶中，搅拌均匀。

使用冻干食品

能量来源　维生素、矿物质来源

（7 个月+）

南瓜白薯粥

食材
粥（婴儿本铺）
　……1 大茶匙多一点
南瓜 …15g
白薯 …20g

制作方法
❶ 南瓜去皮、去籽，白薯去皮，煮软后捣碎。
❷ 步骤❶加入粥和 4 大茶匙水，搅拌均匀。
❸ 将步骤❷盛入耐热容器中，用保鲜膜包好放入微波炉中加热 1 分钟左右。

细嚼期

使用冲剂
粉类食品

能量来源 维生素、矿物质来源 蛋白质来源

⑨ 个月+

菠菜豆奶发糕

食材
微波炉发糕（和光堂）
·········· 1 袋（20g）
菠菜（煮软后切成小段）
·········· 20g
豆奶 ·········· 1 大茶匙

制作方法
将全部食材加入耐热容器中，搅拌均匀，包上保鲜膜放入微波炉中加热 50 秒钟左右。

使用罐装食品

能量来源 维生素、矿物质来源 蛋白质来源

⑪ 个月+

干酪烩菜软米饭

食材
奶酪味奶汁烤干酪烩菜
（丘比）··· 1 罐（100g）
软米饭（p36）
·········· 50g

制作方法
奶酪味奶汁烤干酪烩菜浇在软米饭上，放入烤箱中烤至黄褐色，约 5 分钟。

咀嚼期

使用真空包装食品

能量来源 维生素、矿物质来源 蛋白质来源

① 岁+

青菜蛋花乌冬面

食材
青菜蛋花乌冬面（明治）
·········· 1 袋（80g）
青菜（菠菜、小油菜等）
·········· 30g

制作方法
❶ 青菜煮软，切碎。
❷ 青菜蛋花乌冬面加热后，加入青菜碎，搅拌均匀。

使用冲剂
粉类食品

能量来源 维生素、矿物质来源 蛋白质来源

① 岁+

猪肝蔬菜土豆泥

食材
猪肝蔬菜（明治）
·········· 3g
土豆 ·········· 20g
方形面包（切条）
·········· 40g

制作方法
❶ 土豆去皮，煮软，捣碎成泥状。
❷ 将猪肝蔬菜粉按照说明，用热水冲开。
❸ 将土豆泥盛入容器中，放入面包。

吞咽期的糊状辅食和沙司、沙拉酱搭配起来非常适合。

灵活利用辅食来制作饭菜

全家人一起享受

辅食味道比较淡，所以经过不同的处理，可以用来做各种其他的饭菜。稍稍加工一下，辅食就可以神奇地变成大人的饭菜！

可以轻松搞定的食谱

加入芦笋的白肉鱼土豆奶酪鱼贝鸡米饭

和

加入多种食材的彩椒沙拉搭配香橙沙拉酱

用吞咽期辅食做的大人饭菜

彩椒香橙糊……p57
搭配沙拉酱

白肉鱼土豆泥……p41

和鱼贝鸡米饭沙司

加入芦笋的白肉鱼土豆奶酪鱼贝鸡米饭

食材（2人份）

白肉鱼土豆泥
................（白肉鱼25g／土豆100g）
食盐................适量
芦笋................3根
米饭................400g
比萨专用奶酪......40g

制作方法

❶ 芦笋去根，用水焯一下，切成易于食用的小段。

❷ 白肉鱼土豆泥中加入食盐调味。

❸ 将米饭盛入烤盘中，加入芦笋段和步骤❷，撒上比萨专用奶酪，放入烤箱中烤至变色，约15分钟。

加入多种食材的彩椒沙拉搭配香橙沙拉酱

食材（2人份）

彩椒香橙糊…（彩椒20g／橙汁2小茶匙）
生菜........2棵　　黄瓜......1/2根
圣女果......6个　　火腿......2片
醋..........2小茶匙
橄榄油......1 1/2 大茶匙
盐、胡椒粉…各适量

制作方法

❶ 生菜放入冷水中浸泡，撕碎，沥干水分后盛入盘中。

❷ 圣女果去蒂，切成两半，黄瓜、火腿切成易于食用的大小，一并盛入步骤❶的盘子中。

❸ 彩椒香橙糊盛入碗中，加入醋、橄榄油、盐、胡椒粉，用打泡器充分搅拌，浇在步骤❷上。

130

使用了海鲜汁的辅食，只要加入一定的食材，就可以轻松做成大人饭菜。如果能进行勾芡浇汁，饭菜还会看起来非常漂亮。

用蠕嚼期
辅食做的大人饭菜

可以轻松搞定的食谱

金枪鱼洋葱鸡蛋汤盖饭
和
豆腐西红柿卤

洋葱炖金枪鱼糊
……p81

作为鸡蛋汤的食材

海鲜汁豆腐卤
……p102

加入西红柿

金枪鱼洋葱鸡蛋汤盖饭

食材（2人份）
洋葱炖金枪鱼
　　　　（金枪鱼 60g/ 洋葱 80g/ 海鲜汁 250ml）
鸡蛋液 ……… 2 个蛋的量
酱油 ……… 1½ 大茶匙
白砂糖 ……… 1 大茶匙少一点
米饭 ……… 2 碗
萝卜苗 ……… 适量

制作方法
❶ 锅中加入洋葱炖金枪鱼，开中火煮。
❷ 步骤 ❶ 煮沸后，撇净汤沫，加入酱油和白砂糖。
❸ 步骤 ❷ 中倒入鸡蛋液，搅拌，煮至松软半熟的程度，浇在盛于碗中的米饭上。将萝卜苗切成小段，根据喜好撒在饭上。

豆腐西红柿卤

食材（2人份）
海鲜汁豆腐卤
　　　　（北豆腐 300g/ 海鲜汁 150ml/ 水淀粉适量）
酱油 ……… 1 小茶匙
盐 ……… 少许
西红柿 ……… 半个（中等大小）

制作方法
❶ 西红柿用水烫一下，去皮，切块（籽多的时候需要去籽）。
❷ 将海鲜汁豆腐卤加入耐热容器中，用保鲜膜包好放入微波炉中加热 3 分钟左右。
❸ 将酱油、盐和西红柿块加入锅中，加热。
❹ 将豆腐卤盛入容器中，浇上步骤 ❸。

做"鸡蛋汤"是可以简单地把辅食做成大人饭菜的有效方法。金枪鱼的鲜味和洋葱的香甜渗入鸡蛋中，味道和菜量都可以满足需求。

在细嚼期，可以使用的食材和调味料的种类增加了许多，做成大人饭菜也容易了许多。只要将辅食和大人的饭菜混在一起，菜量和营养都会大大提高。

用细嚼期
辅食做的大人饭菜

可以轻松搞定的食谱

肉末土豆煎蛋卷
和
白菜鲑鱼松肉汤

肉末炖土豆
……p47

作为煎蛋卷的食材

白菜炖鲑鱼
……p61

作为松肉汤的食材

肉末土豆煎蛋卷

食材（2人份）
肉末炖土豆
　………………（土豆65g／牛肉馅15g）
青菜（韭菜、小油菜等）
　………………适量
鸡蛋 ……… 2 个
盐、酱油 … 各适量
植物油……… 1 小茶匙
制作方法
❶ 鸡蛋打入碗中，搅拌成鸡蛋液。
❷ 鸡蛋液中加入切好的青菜和沥干汤汁的肉末炖土豆，搅拌均匀，加入盐、酱油调味。
❸ 平底锅中加入植物油，中火烧热，倒入步骤❷，煎成鸡蛋卷状。

白菜鲑鱼松肉汤

食材（2人份）
白菜炖鲑鱼 ……（鲑鱼 45g／白菜 60g）
海鲜汁……… 300ml
酱油 ……… 1 小茶匙
盐 ……… 适量
北豆腐 ……… 100g

制作方法
❶ 锅中加入白菜炖鲑鱼和海鲜汁，开中火煮。
❷ 步骤❶煮沸后，加入酱油、盐调味。
❸ 步骤❷中加入北豆腐，用炒勺轻轻捣碎。煮2分钟左右，至豆腐烧熟。

食材丰富的炖菜，非常适合作为煎鸡蛋卷的食材。加入海鲜汁做成汤也非常美味。

可以轻松搞定的食谱

中华风鳕鱼
青梗菜汤
和
苦瓜炒豆腐

鳕鱼炖小白菜
……p84

作为汤的食材

芝麻油豆腐炒鲣鱼片
……p104

作为苦瓜炒豆腐的食材

鳕鱼小白菜汤

食材（2人份）
鳕鱼炖小白菜
………（鳕鱼 45g / 小白菜 60g / 海鲜汁 90ml）
炖鸡肉汤料
………1 小茶匙
盐 ……适量
芝麻油 ……1/2 小茶匙
胡椒粉……适量

制作方法
❶ 锅中加入鳕鱼炖小白菜，添 1/2 杯水（300ml），加入炖鸡肉汤料，开中火煮。
❷ 步骤 ❶ 煮沸后，加入盐调味。盛入容器中，加入芝麻油增加香味，撒上胡椒粉。

苦瓜炒豆腐

食材（2人份）
芝麻油豆腐炒鲣鱼片
………（北豆腐 300g / 鲣鱼片 2g / 芝麻油适量）
苦瓜 ……半根（中等大小）
芝麻油 ……1 小茶匙
酱油 ……2 小茶匙

制作方法
❶ 苦瓜竖着劈成两半，去籽去蒂，切成 2～3mm 的薄片。
❷ 平底锅中加入芝麻油，开较强的中火烧热，加入苦瓜片翻炒。
❸ 苦瓜片基本炒熟后，加入芝麻油豆腐炒鲣鱼片，继续翻炒，加入酱油调味。

鲣鱼风味的炒豆腐菜品中加入苦瓜做成苦瓜炒豆腐。这样的做法，可以最大限度地利用豆腐，是个巧妙的食谱。

用咀嚼期辅食做大人饭菜的关键在于"添加"，在辅食食谱里添加一种食材，或是在大人食谱里添加辅食。

可以轻松搞定的食谱

煎鲑鱼秋葵
散寿司
和
煮鸡蛋黄瓜
火腿沙拉

煎鲑鱼拌秋葵
……p87

作为散寿司的食材

煮鸡蛋拌黄瓜
……p97

加入火腿

煎鲑鱼秋葵散寿司

食材（2人份）
煎鲑鱼拌秋葵
……………（煎鲑鱼 60g/ 秋葵 4 根）
米饭 ……… 180g
寿司醋（醋 1$\frac{1}{2}$ 大茶匙、砂糖 1/2 匙、盐 1/5
小茶匙）…… 2 大茶匙
炒白芝麻 … 2 小茶匙

制作方法
❶ 趁热在米饭中加入寿司醋，抓匀，铺在盘子中，放置一会儿晾凉。
❷ 将煎鲑鱼拌秋葵中的鲑鱼去鳞，去刺，切碎。秋葵切成易于食用的小块。
❸ 将步骤 ❶ 和步骤 ❷ 拌在一起，盛入容器中，撒上炒白芝麻。

煮鸡蛋黄瓜火腿沙拉

食材（2人份）
煮鸡蛋拌黄瓜 …… （煮鸡蛋 2 个 / 黄瓜 1/3 根）
火腿 ………………… 2 片
圣女果 …………… 3 ~ 4 个
蛋黄酱 …………… 1$\frac{1}{2}$ 大茶匙

制作方法
❶ 火腿切成易于食用的大小。
❷ 煮鸡蛋拌黄瓜中的煮鸡蛋切小块，黄瓜切小圆片，圣女果切成两半，和火腿片加在一起，加入蛋黄酱拌匀。

沙拉中加入火腿完成"添加"。煎鲑鱼作为散寿司的食材。鲑鱼整个煎熟之后，再分成大人吃的和宝宝吃的，更加省事方便。

可以轻松搞定的食谱

茄汁迷你汉堡
肉炖西蓝花
和
奶酪煎南瓜
香肠

迷你汉堡肉
·····p76

添加沙司

南瓜奶酪烧
·····p67

加入香肠

茄汁迷你汉堡肉炖西蓝花

食材（2人份）
迷你汉堡肉··········[混合肉馅（猪肉 + 牛肉）
50g/ 胡萝卜 50g/ 面包粉 1 大茶匙]
混合肉馅（猪肉 + 牛肉）
··················100g
鸡蛋液··············1/3 个蛋的量
水煮西红柿罐头·····1/2 罐
盐、胡椒粉··········各适量
橄榄油··············1/2 大茶匙
西蓝花··············1/4 棵
制作方法
❶ 迷你汉堡肉中加入混合肉馅(猪肉 + 牛肉)、鸡蛋液、盐、胡椒粉，充分搅拌，揉成较大的肉丸子。
❷ 西蓝花切成小块。
❸ 平底锅中加入橄榄油，开较强的中火烧热，将步骤❶放入锅中，两面煎熟，加入水煮西红柿罐头，盖上锅盖，关小火煮 5 分钟左右。
❹ 步骤 ❸ 中加入西蓝花，再煮 3 分钟左右，加入盐、胡椒粉调味。

奶酪煎南瓜香肠

食材（2人份）
南瓜奶酪烧 ···（ 南瓜 200g / 奶酪粉 1 大茶匙 ）
香肠 ···········4 根

制作方法
香肠切成易于食用的大小，和南瓜奶酪烧一起加入耐热容器中，放入烤箱中烤 8 分钟左右。

婴儿食用的汉堡肉中蔬菜丰富，加上肉馅，就可以做成大人吃的菜品。奶酪烧则加入香肠完成"添加"这一步骤。

和「加餐」搭配的方法

好好掌握「辅食」这一词本身的意思

对于辅食期的婴幼儿来说，食用加餐的目的是补充营养。要注意加餐的量、次数以及内容。

1岁以后，通过加餐和正餐来让营养更均衡

宝宝长到1岁之后，成长所需的营养物质、能量都进一步增加。但是，婴儿的胃很小，消化吸收能力也尚未发育成熟。因此，为了补充1日3餐所无法满足的营养，就需要提供加餐。也就是说，辅食期间加餐的目的就是"营养物质和能量的补给"。但要注意，加餐若提供得过多，宝宝会不好好吃饭，糖分、油脂多的食品也要尽量避免。

加餐的烦恼Q&A

Q 婴儿食用的加餐，从什么时候开始提供比较好？

A 加餐可以从1岁开始

1岁之前的婴儿基本上是不需要吃加餐的。市场上的加餐也有标注"6个月起"的，但如果是为了满足婴儿的营养需求，从1岁开始即可。

Q 什么时间提供加餐？什么时间让宝宝食用加餐比较好？

A 正餐之间，1天1～2次左右

加餐也属于辅食，为了不影响下一餐的正常食用，1日1～2次比较合适，自己掌握时机来给婴儿食用。如果因为婴儿想吃就1天提供多次，会导致婴儿不好好吃饭，并且易出现蛀牙、肥胖等问题。

Q 1天食用的加餐的量，多少比较合适？

A 男孩和女孩，量是不同的

为了达到营养均衡的目的，加餐的提供要严格遵守"适量"这一原则。但婴儿有个体差异，1～2岁的男孩，1天需要140kcal左右，女孩则是135kcal左右。另外，还要依据当天正餐食用的量来适当调整。

Q 加餐选择什么食品比较好？市场上售卖的加餐可以吗？

A 市场上售卖的加餐应选择婴幼儿专用食品

推荐选择饭团等谷类食品，以及不易导致蛀牙的蔬菜、水果等食品。用来进行咀嚼练习的宝宝食品类加餐也是不错的选择。应选择市场上售卖的婴幼儿专用加餐食品，以及糖分、脂质等添加物少的食品。

Q 手工制作婴儿加餐食品，要点是什么？

A 盐分、砂糖、油脂等的使用要有节制

手工制作加餐食品，要尽可能发挥食材本身的清淡味道。清淡的蒸食是最适合的。另外，要尽量避免大量使用砂糖、生奶油、黄油等。

Q 提供加餐时需要特别注意的问题是什么？

A 掌握好时间，控制好量

加餐的提供要掌握好时间和量，不能随随便便。加餐不仅会影响正餐的食用，还会导致口中酸性状态持续，容易引发蛀牙。食用加餐后为了补充水分，并且起到清洁口腔的作用，最好让婴儿养成喝水的习惯。

咀嚼期加餐的量

这里将为大家介绍1天2次加餐情况下适宜的量。加餐的量会根据一起饮用的饮品的量而改变。

1日2次加餐范例

男孩（1日：140kcal）

第一次
麦茶（0kcal）+饼干（江崎格力高纤维饼干）1.4个 = 28kcal

第二次
牛奶100ml（69kcal）+香蕉1/2根（50g/43kcal）= 112kcal

女孩（1日：135kcal）

第一次
麦茶（0kcal）+饼干（江崎格力高纤维饼干）1.2个 = 23kcal

第二次
牛奶100ml（69kcal）+香蕉1/2根（50g/43kcal）= 112kcal

宝宝食品类加餐1次的量

※ 图片为女孩1次食用加餐的量（68kcal）。

婴儿仙贝
1袋2片（12kcal）

男孩6.3袋 | 女孩5.6袋

仙贝是用大米做成的，易于消化，还有助于强化钙、铁的吸收。

蛋奶小馒头
1袋10g（39.1kcal）

男孩19g | 女孩17g

蛋奶小馒头是用面粉加砂糖、鸡蛋等做成的，入口即化，非常容易食用。

栗子南瓜红薯曲奇
1袋25g（126kcal）

男孩2/5包 | 女孩1/2包

栗子南瓜红薯曲奇是加入了南瓜和红薯煎制而成的，有利于强化钙的吸收。

发糕
1个（99kcal）

男孩0.8个 | 女孩0.7个

发糕是用牛奶和水制成、放入小纸杯中的点心，只需用微波炉加热即可完成。

简单！手工制作加餐

下面介绍几种轻松简单就可以完成，且饱含母爱的手工加餐食谱。

维生素、矿物质来源 蛋白质来源

黄绿色蔬菜可以补充维生素！

南瓜布丁

食材

南瓜 …… 20g

鸡蛋液 … 1/3 个蛋的量

水 …… 1 大茶匙

制作方法

❶ 南瓜去皮，去籽，用保鲜膜包好放入微波炉中加热 1 分钟左右，捣成泥状。

❷ 将南瓜泥加入碗中，加入鸡蛋液和水，搅拌均匀，盛入耐热容器中，包上锡纸。

❸ 将步骤 ❷ 放入上汽的蒸锅中，小火蒸5分钟左右（放入铺了一层热水的平底锅中，盖上盖，小火蒸5分钟左右也可以）。

维生素、矿物质来源

食材只需要苹果这一种，非常简单！

煮苹果

食材

苹果 ……………120g

制作方法

苹果切成小块，下入锅中，添水至没过食材，煮至苹果变软（用牙签可以轻松穿过的程度）。

维生素、矿物质来源 蛋白质来源

味道香甜的牛奶搭配橙汁的酸味。

牛奶橙汁沙司

食材

琼脂粉 …… 1g

水 …… 80ml

砂糖 …… 1 小茶匙少一点

牛奶 …… 50ml（1/4 杯）

橙汁 …… 50ml（1/4 杯）

水淀粉（淀粉：水 =

1：2）… 少许

制作方法

❶ 锅中加入水和琼脂粉，搅拌均匀，开小火煮。

❷ 步骤 ❶ 煮沸后，一边搅拌一边再煮 1 分钟左右，加入砂糖和牛奶，盛入容器中，放置待其凝固（常温也可，放入冰箱也可）。

❸ 锅中加入橙汁，开中火煮。煮沸后加入水淀粉勾芡。

❹ 将步骤 ❷ 中食材(1/3)～（1/2）的量切成易于食用的大小，浇上步骤 ❸。

(能量来源) (蛋白质来源)

用手抓着吃非常方便！

手工蛋奶小馒头

食材（3次的量）
蛋黄 —— 1 个蛋的量
砂糖 —— 1 大茶匙
淀粉 —— 6 大茶匙

> 生的发酵面团，夏天
> 需要放入冰箱保存。

制作方法
❶ 碗中加入蛋黄和砂糖，充分搅拌，呈糊状后加入淀粉搅拌均匀。
❷ 将步骤 ❶ 用保鲜膜包好常温发酵 30 分钟。
❸ 将步骤 ❷ 揉成一个一个容易食用大小的小球，包上烤箱布摆在烤箱铁盘上，200℃烤 5 分钟左右。

(能量来源) (维生素、矿物质来源) (蛋白质来源)

充分发挥食材甜味的美味食品。

甜红薯

食材（3次的量）
红薯 —— 100g
鸡蛋液 —— 1/3 个蛋的量
砂糖 —— 1 小茶匙
牛奶 —— 1 大茶匙

制作方法
❶ 红薯去皮，煮软，捣成泥状。
❷ 红薯泥中加入鸡蛋液、砂糖、牛奶，充分搅拌，分成 3 等份后分别放入耐热容器中。
❸ 步骤 ❷ 放入 180℃的烤箱中烤 8 分钟左右（用面包烤箱烤 8 分钟左右也可以）。

(能量来源) (蛋白质来源)

只需要自发粉就可以快速完成！

宝宝曲奇

食材（12次的量）
自发粉 —— 150g
鸡蛋 —— 1 个
砂糖 —— 2 ~ 3 大茶匙
橄榄油 —— 1 大茶匙

制作方法
❶ 将所有食材加入碗中，充分搅拌，用模具压成有形状的小块。
❷ 烤箱铁盘上铺上烤箱纸，将步骤 ❶ 摆在上面，180℃烤 10 分钟左右。

吞咽期

吞咽期从辅食中获取的营养较少，因此以主食为主，选择婴儿喜欢并且吃得惯的食品即可。

 能量来源 维生素、矿物质来源 蛋白质来源

配上南瓜的香甜，黄豆粉的美味也会大大增加！

黄豆粉南瓜粥

⑥ 个月 +

食材

南瓜	10g
10 倍粥（p36）	2 大茶匙（30g）
黄豆粉	1/2 小茶匙

制作方法

❶ 南瓜去皮，去籽，用保鲜膜包好放入微波炉中加热 20 秒钟左右，捣碎。

❷ 步骤 ❶ 中加入 10 倍粥，捣成糊状，加入黄豆粉搅拌均匀。

 能量来源 维生素、矿物质来源 蛋白质来源

糊状口感加上苹果的酸味，食欲会大大提升！

红薯苹果豆腐糊

⑥ 个月 +

食材

红薯	20g
苹果	5g
豆腐	20g

制作方法

❶ 红薯、苹果去皮，煮软（煮好后的汤盛出备用）。

❷ 豆腐用热水焯一下。

❸ 将步骤 ❶ 和步骤 ❷ 捣碎后搅拌均匀，加入煮好后的汤稀释成适当的软硬程度。

出门辅食的注意点

准备婴儿出门吃的辅食，如何才能不忙乱，并且可以让宝宝和家长都更轻松有趣呢？

宝宝出门也要考虑好吃饭的时间和方法

在外面吃饭，对于父母和宝宝来说，会因为转换了心情而成为很开心的事情。但是，外出的辅食难点在于吃饭的时间和让宝宝吃饭的方法。比如，宝宝在外面玩得太入迷，怎么样都不肯吃饭，或者是相反的情况，宝宝肚子饿了，却没办法快速地准备好辅食。所以，出门在外的时候，我们也要考虑好吃饭的时间，准备好让宝宝容易食用的出门辅食。

带婴儿出门，一定要考虑吃饭的问题。下面就为大家介绍出门也可以让宝宝轻松安心吃饭的食谱。

蠕嚼期

蠕嚼期以后，外出辅食的准备也要考虑营养均衡的问题。
加上蛋白质或蔬菜食材丰富的面类或粥非常方便。

能量来源 维生素、矿物质来源 蛋白质来源
橙子和酸奶配在一起很好吃。

香橙酸奶面包粥
（7 个月+）

食材
方形面包 ……15g
橙子 ……5 个
发酵型酸奶 ……50g

制作方法
❶ 方形面包撕成小块，加入 2 大茶匙水，放置一会儿后加入耐热容器中，用保鲜膜包好放入微波炉中加热 30 秒钟左右，取出捣碎。
❷ 橙子挖出果肉部分，切碎。
❸ 将步骤 ❶、步骤 ❷ 和酸奶加在一起，搅拌均匀。

能量来源 维生素、矿物质来源 蛋白质来源
加入豆奶，温润的味道很讨婴儿喜欢！

青菜豆奶粥
（8 个月+）

食材
青菜叶（菠菜、小油菜等）
…………………… 20g
5 倍粥（p36）…… 5 大茶匙多一点（80g）
豆奶 …… 3 大茶匙

制作方法
❶ 青菜煮软，沥干水分后切碎。
❷ 青菜碎和 5 倍粥、豆奶混合在一起，搅拌均匀，放入微波炉中加热 30 秒钟左右。

选择方便携带的辅食和容器

出门携带辅食，要多思考一下制作怎样的辅食比较方便婴儿食用。菜粥或拌饭，只需要一道就可以满足营养需求，制作和食用上都非常轻松。细嚼期以后，可以多选择一些方便抓着吃的辅食。在外面既容易吃，饭后收拾起来也方便。

另外，出门还应选择携带不容易漏洒、卫生、方便食用的容器。像粥这样汤水多的辅食，推荐选择密封好的圆形容器。不过，食物热着的时候装进容器盖上盖子，放凉后热气会产生许多水滴，细菌也容易滋生。因此，米饭或是粥，应放凉后再盖上盖子。

能量来源 维生素、矿物质来源

鲣鱼味鲜深受孩子喜爱。

鲣鱼风味卷心菜乌冬面 （9个月+）

食材

卷心菜 ················ 20g

煮熟的乌冬面 ······ 60g

鲣鱼片 ················ 2小撮

植物油 ················ 少许

制作方法

❶ 卷心菜煮软，切成1 ~ 2cm长的细丝。

❷ 乌冬面切成1 ~ 2cm长的小段。

❸ 平底锅中加入植物油，中火烧热，放入卷心菜丝和乌冬面段翻炒1分钟左右，添1大茶匙水，炒至水分挥发干净，加入鲣鱼片，搅拌均匀。

能量来源 维生素、矿物质来源 蛋白质来源

用手抓着吃很方便，适合出门食用。

法式吐司 （11个月+）

食材

鸡蛋液 ················ 1/4个蛋的量

牛奶 ···················· 2大茶匙

方形面包 ············ 35g

黄油 ···················· 少许

水果（草莓等） ····· 10g

制作方法

❶ 鸡蛋液和牛奶倒入碗中，搅拌均匀。

❷ 方形面包切成方便食用的小块，裹上步骤❶。

❸ 将黄油放入锅中，加热熔化，放入步骤❷，小火煎至两面变色。水果摆进容器中。

方便出门用餐的小物品

从必备物品到奇思妙想的其他小物品，有了它们，出门用餐会方便很多，下面就来学习一下吧。

一次性围兜

这是婴儿吃饭时必备的物品。若出门选择一次性的比较方便。围兜防水性好，液体食物洒了也没关系。

辅食专用勺子

方便随时用餐的辅食专用勺子也必不可少。选择盒装的勺子，饭后脏了也可以直接放进去，比较方便。

辅食专用便当盒

小号的便当盒，汤汁不容易洒出，还可以把勺子和保冷剂等放进去，是非常方便的物品。

咀嚼期

宝宝的活动更加频繁，出门在外经常会玩得不亦乐乎。
这时，我们需要准备很快就可以拿出来、让宝宝快速吃完的手抓食品。

(能量来源) (维生素、矿物质来源) (蛋白质来源)

方便携带的发糕最适合出门食用。

香蕉发糕
1岁3个月+

食材（1个份）
香蕉 ·········· 40g
自发粉 ······ 4 大茶匙
鸡蛋液 ······ 1/4 个蛋的量
牛奶 ·········· 2 大茶匙

用牙签戳面团，感觉不粘就是烤好了。用微波炉加热 1 分30 秒钟也可以。

制作方法
将所有食材加入耐热容器中，搅拌均匀，放入上汽的蒸锅中蒸10 分钟左右（放入铺了一层热水的平底锅上，盖上盖子蒸 10分钟左右也可以）。

(能量来源) (维生素、矿物质来源) (蛋白质来源)

馅料丰富，便于食用的饭团。

肉末小油菜煎饭团
1岁+

食材
小油菜 ··········· 30g
猪肉馅 ··········· 15g
软米饭（p36）··· 70g
面粉 ············· 2 大茶匙
植物油 ··········· 少许

制作方法
❶ 小油菜煮软，沥干水分后切成 5mm 左右的小段。
❷ 将猪肉馅加入耐热容器

中，放入微波炉中加热15 秒钟左右，打散。
❸ 将小油菜段、猪肉馅、软米饭和面粉混合均匀。
❹ 平底锅中加入植物油，中火烧热，将步骤 ❸ 薄薄地摊在锅中，铺开，两面煎熟，约 3 分钟，切成容易食用的大小。

面条夹子
这是一种可以将乌冬面等食品在容器中夹断成适当长短的辅食专用工具。它夹断东西的效果非常好，意大利面也可以轻松夹断。

椅子绑带

有了椅子绑带，宝宝就可以一个人很好地坐在大人的座椅上。它还可以绑在大人的腰上来使用。

保温桶
有了保温桶，出门在外，食物既可以保温也可以保冷，它还可以放入微波炉中加热，放入冰箱里冷冻，非常方便。

支架

支架可以固定辅食，让袋装辅食立住，这样就无需将辅食盛到容器中去。它还可以折叠。

辅食期调味料和油的使用方法

做大人吃的饭菜时，调味料和油都是必不可少的。
但是考虑到婴儿的健康，制作辅食时要充分注意调味料和油的使用方法。

调味料的使用方法

蠕嚼期不使用调味料也可以

调味料中，盐分和食品添加剂等含量较多，要尽可能地控制使用，烹饪时应最大限度地利用食物本身的味道，基本上可以不使用调味料。蠕嚼期以后，为了让菜式更富于变化，调味是必需的。但是调味时，要遵守少量的原则，1小撮左右即可。过了1岁之后，辅食的咸度应为大人饮食的（1/3）~（1/2）比较合适。食物中本身就含有一定的盐分，因此盐的使用要尽量少。虽然白糖容易消化，是很好的能量来源，但婴儿习惯了较重的甜味后，可能会不喜欢吃自然的味道，要注意这一点。

○ 蠕嚼期以后，
可以极少量地使用

白糖　　醋

✕ 1岁之前

蜂蜜　　黑糖

蛋黄酱和酒一定要事先加热

蛋黄酱中含有生鸡蛋的成分，1岁之前需要加热后再使用。使用料酒、甜料酒等时也需要事先加热，酒精挥发后才可以使用。

蜂蜜要1岁以后才可以使用

蜂蜜有诱发食物中毒的危险，不满1岁的婴儿抵抗能力较差，因此要1岁以后才可以使用。

油的使用方法

油脂是成长所必需的营养物质，但要注意不可过量给予

色拉油、芝麻油、黄油等中含有的脂质和碳水化合物、蛋白质一并构成三大营养元素，是成长所必需的，但它可能会给婴儿内脏造成负担，所以给予要适量。另外，脂质有利于脂溶性维生素的吸收，胡萝卜、青椒等黄绿色蔬菜可以用油来进行烹饪。使用的油脂，应尽可能清楚其原材料。比起色拉油，更推荐使用橄榄油、黄油。人造黄油中含有反式脂肪酸，不可以使用。

○　　✕ 不可以给
婴儿食用

黄油　　人造黄油

○　△ 辅食期推荐使用：
需加热的橄榄油
不需加热的亚麻籽油、
紫苏油

橄榄油　色拉油

Part 4

消除辅食的不安和烦恼

宝宝养育过程中总会有各种各样的烦恼。
在推进辅食的过程中，根据大多数妈妈出现的烦恼，我们总结了应对和解决的办法，也可以为下一阶段——幼儿饮食做好基本功课。

要掌握好科学的知识，慎重地进行辅食添加。

食物过敏的症状严重时是会危及生命的。因此务必

掌握关于食物过敏的知识

辅食开始阶段需要注意食物过敏这一问题。容易出现过敏症状的是0～3岁的婴幼儿。婴儿期的过敏，由食物引起的较为多见，通常会出现特应性皮炎和胃肠道症状。特应性皮炎也就是我们平常说的湿疹，表现为红斑、丘疹、水泡、渗出、结痂和奇痒；胃肠道症状，如腹痛、呕吐（吐奶）、腹泻、肠绞痛等。这与宝宝的免疫系统发育不成熟和肠道屏障功能不完善有关。在开始为宝宝提供辅食时应小心谨慎，避免触发宝宝过敏。随着宝宝年龄的增长，身体发育逐渐成熟，食物过敏的发生就会大大减少。

担心会导致过敏的食材，要一点一点给予并密切观察宝宝的状况

蛋白质是导致过敏的原因之一，所以含有蛋白质的食品都可能成为过敏原 。其中，容易导致婴幼儿时期食物过敏的食材有鸡蛋、牛奶、面粉，它们并称为"三大食物过敏原"。其他容易导致过敏的食材还有甲壳类、水果、坚果类等食品。这些都应该一点一点给予、一种一种给予。因为一种一种地添加，比较容易发现是什么食材导致了过敏。

此外，不要自己随意来判断食物过敏。随便停止让婴儿食用某种食材，可能会导致必要的营养元素摄取不足。或者，觉得症状较轻就继续让婴儿食用，很可能会导致症状加重。当你怀疑"这是不是过敏了"时，就应当去咨询一下免疫科或皮肤科的医生。

什么是过敏性休克?

通常表现为呼吸困难、血压下降等症状，严重时危及生命。如果发生脸色发青、呼吸短而急促等剧烈反应，就要立即送往医院。作为应急处理办法，也可以自己注射肾上腺素，如果担心，请咨询医生。

食物过敏要切实依据医生的诊断

食物过敏的治疗，一定要根据医生的诊断来进行。要经过多重检查，来确定过敏原和排除某些食物并选择替代食物，这是一种综合性的判断。基本的诊断顺序如下：

1.问诊症状观察

根据家族的过敏史、婴儿的饮食日志以及症状等进行诊断。

2.血液检查

通过血液检查来进行测定。

3.皮肤测试

通过食物提取物接触皮肤时的反应来诊断。

4.食物排除测试

将有过敏风险的食物全部排除，来观察症状是否有所好转。

5.食物经口负荷测试

少量食用有过敏风险的食物，观察是否出现症状。

通过以上这些检查，来明确过敏原，辅食期开始后就要避免食用这些食物。

确定过敏原后，最低限度地排除食物

为了婴儿的健康，排除食物要依据最低限度原则。以鸡蛋为例，有可能蛋白部分不可以，但煮熟的蛋黄是没关系的。选择乳制品、豆类等鸡蛋的替代食物来补充蛋白质也非常重要。要在咨询过医生后，慎重添加辅食。

过敏会出现什么样的症状？（主要症状和发生率）

皮肤湿疹、瘙痒、荨麻疹（85%）

食物过敏出现最多的症状是荨麻疹。身体上会出现小红点，并伴随瘙痒，皮肤还会变红，浮肿。最开始的时候会在手和脸部表现出来，慢慢地会蔓延至全身。

眼部肿胀、瘙痒（11%）

眼部充血、眼皮浮肿。还会伴随瘙痒，所以可能会揉眼睛造成进一步刺激。

嘴巴肿胀、瘙痒（10%）

嘴角周围变红、肿胀。舌头有刺痛感，喉咙里面会有一些痒。

腹痛、腹泻（8.3%）

消化器官的症状表现为腹痛、腹泻、恶心、呕吐、便血等。腹痛和胃灼热无法用眼睛观察到，婴儿又不能通过语言来表达不舒服的感觉，如果婴儿在吃东西时吐出、哭得很厉害，就要考虑是否出现了过敏。

气喘、呼吸困难（5.6%）

喘气很大声，喉咙像被堵住了一样难受，出现咳嗽、呼吸困难等症状。

流鼻涕、打喷嚏（3.7%）

流鼻涕、打喷嚏、鼻塞等为主要症状。若进食后立刻出现这些症状，就要注意了。

出处：《食物过敏诊疗指南手册2012》（日本小儿过敏学会食物过敏委员会）

鸡蛋

过敏原的代表
从煮熟的蛋黄开始食用是原则

鸡蛋是最常见的导致食物过敏的过敏原。蛋白中含有的蛋白质成分是主要原因。鸡蛋加热后，不易诱发过敏反应，所以刚开始给婴儿吃鸡蛋的时候，要从1小茶匙煮熟的鸡蛋黄开始。观察婴儿食用后的情况，一点一点地增加食用的量，8～9个月之后可以开始吃蛋白。加热后的鸡蛋食用没有问题，并不能说明可以吃生鸡蛋和半熟鸡蛋。辅食阶段不能吃未全熟的鸡蛋。

蛋黄酱、点心、火腿、香肠等食品中都含有鸡蛋，购买时要仔细确认食品的原材料。

需要注意的食材

▩蛋黄酱　▩点心（蛋糕、曲奇）
▩肉类加工食品（火腿、香肠）等

出现过敏反应后……

烹饪技巧

鸡蛋营养价值很高，可以通过肉类、鱼类、豆类等来补充所需营养。汉堡肉可以用淀粉、面粉或者鲷鱼泥来调和。油炸食品也可以用水淀粉来作面衣。蛋糕可以用小苏打或发酵粉来发面。蛋黄酱可以选择市场上售卖的不加鸡蛋的种类，总之可以灵活变通。

可以作为替代的食材

豆腐	纳豆
乳制品	
肉类	
鱼贝类	等

 # 牛奶·乳制品

选择专门应对过敏的食品，
让辅食食材更丰富

牛奶，是仅次于鸡蛋的常见过敏原。牛奶中含有的蛋白质（α-酪蛋白）是引起过敏的主要原因。另外，牛奶中铁含量较少，不满1岁的婴儿容易出现缺铁性贫血。1岁以内的婴儿的辅食中最好少量使用牛奶。

乳制品中也含有牛奶中所含有的蛋白质，刚开始使用黄油、奶酪、蛋黄酱、生奶油等食材时要多加注意。含有牛奶成分的面包、点心、市场上售卖的黄油面酱等在使用时也要多留意。

需要注意的食材

▩乳制品（黄油、奶酪、蛋黄酱、生奶油）
▩面包　▩市场上售卖的黄油面酱等

出现了过敏反应后……

烹饪建议

烹饪中，可以多多利用市场上售卖的专门应对过敏的人造奶油或黄油面酱。不吃牛奶容易导致缺钙，可以通过海藻、大豆制品、青菜等来补充。对于必须摄入牛奶的婴儿，市场上也有预防过敏专用的牛奶，可以咨询一下医生是否可以食用。

可以作为替代的食材

豆腐	纳豆
肉类	海藻
小沙丁鱼干	羊栖菜
小油菜	等

面粉

给宝宝食用米粉面包和米粉面条，逐渐过渡到以大米为主的饮食

面粉是排在鸡蛋、牛奶之后的第三常见的过敏原。要注意的是，它和牛奶一样，加热之后导致过敏的性质也不会发生变化。面粉包括全麦面粉、中筋面粉、富强粉、全面筋粉等。面包、乌冬面、通心粉、意大利面、云吞的皮等，这些宝宝喜欢的食品中也含有面粉，所以要从婴儿6个月大开始，每次一点点地使用。市场上售卖的黄油面酱、点心等中也含有面粉，刚开始使用时一定要注意看成分表。另外，酱油中虽含有面粉成分，但在其酿造过程中，成为过敏原的蛋白质会得到分解，所以烹饪中使用是没问题的。

需要注意的食材

■ 面包　■ 乌冬面　■ 通心粉、意大利面
■ 市场上售卖的黄油面酱　■ 点心（蛋糕、曲奇）等

出现了过敏反应后……

烹饪建议

灵活利用米粉面包或者米粉面条，让大米成为饮食的中心。作为面食，可以使用粉丝或者米粉。制作煨炖菜或者咖喱使用的黄油面酱也可以用米粉或土豆粉等来代替。油炸食品可以利用水淀粉、米粉面包及粉丝弄碎后的碎末来代替。利用米粉、豆腐渣、粳米粉、木薯淀粉等，也可以做出美味的点心。

可以作为替代的食材

大米
葛根粉
土豆淀粉
玉米淀粉　　　　　等

鱼贝类·鱼子

虾、螃蟹的过敏在学龄后会增加

鸡蛋、乳制品、面粉等引发的过敏多发于1岁以下，随着年龄的增长，症状会逐渐减轻，但相反，鱼贝类、鱼子等引发的过敏则会不断加剧。另外，虾、螃蟹等甲壳类食品导致的过敏多发于学龄后，一直持续到成人的情况也并不罕见。使用鱼贝类时，要从脂肪较少的鲷鱼、偏口鱼等白肉鱼开始。不过，鳕鱼是例外，它很容易引起过敏。脂肪较多的青背鱼则要从辅食后期开始添加。盐分较多的鳕鱼子、鲑鱼子等鱼子、容易引发严重过敏的甲壳类食品，没有必要在辅食期给婴儿食用。

需要注意的食材

■ 甲壳类（虾、螃蟹）　■ 青背鱼（鲑鱼、竹荚鱼、秋刀鱼）
■ 鱼子（鲑鱼子、咸鲑鱼子、鳕鱼子）
■ 贝类（菲律宾蛤蜊、蚬子）等

出现了过敏反应后……

烹饪建议

根据鱼的种类不同，有些海鲜汁、罐头是可以吃的，所以可以灵活利用这些可以吃的食材。特别是水煮金枪鱼罐头是不容易引发过敏的食材。如果所有鱼都不吃，可以多吃一些香菇、木耳来补充维生素D。紫苏油、白苏油等中含有的 $n-3$ 多不饱和脂肪酸（$n-3$ PUFAs）可以有效抑制过敏导致的炎症。

可以作为替代的食材

香菇
木耳　　　　　等

蔬菜・水果　辅食期加热后给婴儿食用比较放心

　　加工食品中含有苹果、桃、猕猴桃、香蕉这些水果成分时，建议在成分表中标明。其他的水果和蔬菜食用后也可能出现嘴唇、舌头、喉咙肿胀，以及瘙痒等症状，甚至会导致过敏性休克（p146）。但加热后这些食物便不容易引发过敏了，有些食品生吃不可以，但果酱和糖水水果是没问题的，具体建议须遵医嘱。

烹饪建议

　　多吃一些不会引发过敏的水果、蔬菜，最开始给宝宝喝果汁时，也需要事先加热。

需要注意的食材

■ 菠萝　■ 桃　■ 猕猴桃
■ 芒果　■ 橙子　等

荞麦面　煮过荞麦面的锅也需要注意

　　荞麦面相比于其他食材，危险性更高，微量食用也可能导致过敏性休克。煮好的汤汁、在空气中飞散的荞麦面粉等也必须要小心。另外，不建议在制作荞麦的饭店里吃饭。锅等烹饪工具一定要清洗干净。加工食品有规定要明确标明这一成分，所以购买点心等的时候不要忘记确认。辅食阶段，没有必要让婴儿食用荞麦面。

烹饪建议

　　面类使用乌冬面、意大利面等。有些售卖的杂粮面在制作中使用了稗子、谷子，也需要确认。

需要注意的食材

■ 日式点心（包子）
■ 韩式冷面　■ 松饼
■ 荞麦花蜂蜜　等

坚果　点心、调味料中可能也会含有

　　坚果是有可能导致过敏性休克的食材。加工食品有规定要明确标明这一成分。有些肉眼无法判断的食品，像黄油面酱、调味料、点心等中也可能含有坚果成分，需要特别注意。另外，和花生中所含的蛋白质构造相同的核桃、杏仁、欧洲榛子也会导致过敏，需要注意。

烹饪建议

　　可以使用黄油粉来代替花生黄油。

需要注意的食材

■ 花生　■ 腰果
■ 巧克力（含坚果）
■ 核桃　等

食物过敏

当然最好是让孩子在成长的过程中不要发生过敏。如果一旦发生了过敏，下面就来解答一些有关食物过敏的常见问题。

Q 过敏是遗传吗?

A 可以说遗传因素是很重要的。

若父母是过敏体质，孩子遗传的可能性就很大。但是并不是说孩子一定也会出现过敏。父母如果对食物、花粉过敏，或有过敏性皮炎，就要掌握一些与过敏相关的知识。所谓有备而无患，这样在孩子出现过敏症状时就不会手忙脚乱，能应对得得心应手。

Q 花粉症和食物过敏有关系吗?

A 和水果、蔬菜过敏有关系。

导致花粉症的过敏原中的蛋白质构造和水果、蔬菜中的过敏原构造一致，因此有花粉症的成人、孩子会更容易对水果、蔬菜过敏。杉树、扁柏花粉症对西红柿，豚草花粉症对瓜果科食物，白桦、赤杨花粉症对苹果、桃、樱桃、梨会容易过敏，大概就是以上这几种情况。

Q 过敏可以预防吗?

A 从改善环境开始着手。

过敏是没有办法完全预防的，但建议采取一些办法将过敏症状降到最低限度。要注意吸烟和房间灰尘多的环境，尽可能母乳哺育，益生菌（酸奶或乳酸菌饮料）、益生元（低聚糖、纤维素等膳食纤维）可以增加肠内的有益菌。可以将食材加热后每次少量地给婴儿食用。尽可能地做一些尝试。

Q 出现了过敏，今后要如何应对?

A 不要自己判断，首先去医院进行咨询

首先要去医院进行确诊，明确过敏原，在饮食中排除过敏原并选择替代食品。鸡蛋、牛奶、大豆、水果充分加热后每次少量地给婴儿食用。

每半年至1年去医院接受一次检查来观察过敏是否有变化。

Q 嘴角溃烂，这是过敏吗?

A 婴儿的皮肤会因为口水而出现溃烂。

婴儿嘴角出现溃烂，很多时候是流口水导致的。出现溃烂后，可以用柔软的纸巾大范围地轻轻擦拭，用婴儿护肤霜轻轻拍打溃烂部位起到保湿作用。如果这样还没有改善，就可能是过敏导致的。但千万不要自己判断，要去医院接受检查来明确过敏原。

终于要开始添加辅食了！

要多多地让宝宝吃既美味又营养丰富的食品，父母的心都是这样的。但是，婴儿的肠胃尚未发育成熟，要从给消化器官造成负担小的食材开始，一点一点地让婴儿食用，逐渐地增加食物的量和食材的种类。因为存在过敏这一问题，所以开始的时候应每天只给宝宝食用一种食材。充分加热食材也是非常重要的。通过捣碎、勾芡等步骤将食材处理得容易食用，和宝宝一起享受辅食时光吧！

符号的说明

○ 给这一时期的婴儿食用没有问题。需要注意食材的量、性质和大小。

△ 这一时期可以食用，但不建议多让婴儿食用。要观察婴儿的适应情况，少量给予。

✕ 这一时期还很难让婴儿食用、不适合食用，基本上不能给婴儿食用。

能量来源（碳水化合物）

作为主食的碳水化合物是重要的能量来源。
首先从大米粥、面包粥、乌冬面、土豆开始。

食材	吞咽期 6个月左右	蠕嚼期 7~8个月	细嚼期 9~11个月	咀嚼期 1~1岁半	要 点
大米	○	○	○	○	最开始从10倍粥开始，逐渐减少水的量。
年糕	✕	✕	✕	✕	有可能堵住喉咙，辅食期间不适合食用。
乌冬面	△	○	○	○	煮软后切碎。
挂面	✕	○	○	○	盐分较多，最好焯水去味。
荞麦面	✕	✕	✕	✕	为了预防过敏，辅食期禁止给宝宝食用。
普通面食	✕	✕	✕	○	非油炸类面煮软。
米粉	✕	△	○	○	具有弹性，煮软后切碎。
粉丝	△	○	○	○	泡软后切碎放入汤中比较容易食用。
方形面包	○	○	○	○	6个月开始可以添加。最开始做成面包粥。
黄油面包卷	△	○	○	○	最开始只可以使用白色部分。脂质较多，要控制食用的量。
法式面包	△	○	○	○	口感较硬，可以做成面包粥。盐分较多，要控制食用的量。
意大利面	✕	△	○	○	具有弹性，要比乌冬面晚一些开始给宝宝食用。
通心粉	✕	△	○	○	具有弹性，煮软后切碎。

续表

食材	吞咽期 6个月左右	蠕嚼期 7～8个月	细嚼期 9～11个月	咀嚼期 1～1岁半	要　点
麦片（原味）	✕	◯	◯	◯	原味麦片用牛奶等煮软。
燕麦片	✕	◯	◯	◯	用牛奶、热水等煮软。 是很方便的食材。
松饼	✕	✕	◯	◯	不可以选用市场上售卖的。 要尽可能自己动手做。
土豆	◯	◯	◯	◯	捣碎后更容易食用。 要将芽去掉再进行烹饪。
白薯	◯	◯	◯	◯	具有甜味，是很容易让宝宝接受的食材。需要去皮，要注意去除筋。
芋头	✕	◯	◯	◯	可能会导致皮肤红肿，尽可能晚一些再开始给婴儿食用。
山药	✕	◯	◯	◯	加热后再给婴儿食用。接触皮肤后会造成皮肤瘙痒，需要注意。

一点一点地增加食材，进行调味，让食谱更丰富

　　最开始的10倍粥，水是大米的10倍，之后慢慢减少水的比例。习惯之后，可以和面包粥、乌冬面交替给婴儿食用。可以利用煮蔬菜汁、番茄酱来调味。如果是每天都要吃的食材，可以一次多做一些，分成几份冷冻储存，这样更方便。

蛋白质来源

　　鱼、肉、蛋、乳制品容易导致过敏，给婴儿食用时要格外注意。充分加热后，每次少量地给婴儿食用，并观察婴儿食用后的状况。

	食材	吞咽期 6个月左右	蠕嚼期 7～8个月	细嚼期 9～11个月	咀嚼期 1～1岁半	要　点
鱼贝类	白肉鱼（鲷鱼、比目鱼）	◯	◯	◯	◯	脂肪含量低，推荐食用。捣碎后和粥、汤拌在一起。
	鳕鱼	✕	✕	◯	◯	可能导致过敏，要比其他白肉鱼晚一些给婴儿食用。
	鲑鱼	✕	◯	◯	◯	不要选择加盐的鲑鱼，而要选择鲜鲑鱼。脂质含量高，尽量晚一些开始给婴儿食用。
	红肉鱼（金枪鱼、鲣鱼）	✕	◯	◯	◯	不能生吃。加热后捣碎，和粥、汤拌在一起。
	青背鱼（竹荚鱼、沙丁鱼、秋刀鱼）	✕	✕	◯	◯	DHA、EPA含量丰富，但脂质含量高，要从细嚼期开始给婴儿食用。
	鲐鱼	✕	✕	△	◯	容易引起严重过敏，要将新鲜的鱼加热。

	食材	吞咽期 6个月左右	蠕嚼期 7~8个月	细嚼期 9~11个月	咀嚼期 1~1岁半	要点
鱼贝类	五条鰤	✕	✕	○	○	脂质含量高，煮得久一点，等脂肪去掉后再进行烹饪。
	牡蛎	✕	✕	○	○	充分加热，切碎后更容易食用。营养丰富，建议多食用。
	扇贝	✕	△	○	○	切碎后容易食用。可以作为海鲜汁的原料。
	菲律宾蛤蜊	✕	△	○	○	细嚼期之后，经切碎后可以给婴儿食用。蠕嚼期可以做成海鲜汁食用。
	虾	✕	✕	✕	△	可能导致过敏，要晚一些开始给婴儿食用。捣碎后更容易食用。
	螃蟹	✕	✕	✕	△	可能导致过敏，要晚一些开始给婴儿食用。充分加热后，慎重给婴儿食用。
	乌贼	✕	✕	△	○	肉质具有弹性，做成肉糜给婴儿食用。
	章鱼	✕	✕	△	○	做成肉糜或者拍碎后比较容易食用。
	生鱼片	✕	✕	✕	✕	可能含有细菌、寄生虫，生食不可以。加热后可以食用。
	蒲烧鳗鱼	✕	✕	✕	△	有小刺，味道重，脂质含量高，不适合辅食期食用。
	鳕鱼子	✕	✕	✕	△	盐分较高，不适合辅食期食用。如果想使用，需要充分加热。
	海胆	✕	✕	✕	✕	可能导致过敏，盐分较高，不适合辅食期食用。
	鲑鱼子	✕	✕	✕	✕	可能导致过敏，盐分较高，不适合辅食期食用。
加工食品（鱼）	小沙丁鱼干	△	○	○	○	盐分去除干净后可以食用。容易变质，剩下的要冷冻保存。
	金枪鱼罐头（水煮）（油浸）	✕	○	○	○	推荐水煮罐头。用热水泡至脂肪去除后可以给婴儿食用。
	鲑鱼片	✕	✕	△	○	盐分和添加成分较多，需用热水浸泡，少量食用。
	鱼肉香肠	✕	✕	✕	○	要注意盐分和添加成分，用的时候要选择无添加的。
	鱼糕	✕	✕	△	△	不易嚼烂，不适合辅食期食用。如果要使用，应选择添加成分少的。

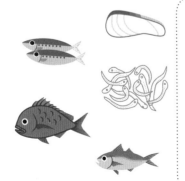

从不容易导致过敏的鲷鱼、小沙丁鱼干开始

　　白肉鱼脂肪含量低，营养价值高，是辅食期推荐的食材。建议从不容易导致过敏的捣碎后的鲷鱼开始。由于一次使用的量很少，所以选择生鱼片来烹饪比较方便，且没有鱼刺，比较放心。不过，不要忘记充分加热这一步。小沙丁鱼干要用热水浸泡来去除盐分，很适合放入粥中调味。加工食品要注意盐分和添加成分，不推荐使用。使用时应选择添加成分较少的。

续表

	食材	吞咽期 6个月左右	蠕嚼期 7~8个月	细嚼期 9~11个月	咀嚼期 1~1岁半	要　点
加工食品（鱼）	筒状鱼卷	✕	✕	△	△	用热水浸泡后切碎。要选择无添加成分的。
	炸胡萝卜鱼肉饼	✕	✕	△	△	选择无添加成分的，用热水浸泡去除盐分、油分。
	蟹肉棒	✕	✕	✕	△	要注意盐分和添加成分，使用时需要用热水浸泡。
	鲣鱼片	△	○	○	○	做成海鲜汁可以从吞咽期开始。直接食用要从蠕嚼期开始。
肉	鸡脯肉	✕	○	○	○	脂肪含量低，最适合辅食期食用。捣碎后更容易食用。
	鸡肉（鸡胸肉、鸡腿肉）	✕	△	○	○	去皮，在婴儿适应了脂肪含量较低的鸡脯肉之后再开始给婴儿食用。
	牛肉（瘦肉）	✕	△	○	○	要选择脂肪含量低的熟肉。在婴儿适应了鸡肉之后再开始给婴儿食用。
	猪肉（瘦肉）	✕	△	○	○	在婴儿适应了脂肪含量较高的鸡肉之后再开始给婴儿食用。要充分加热。
	肝脏	✕	△	○	○	要选择新鲜的，需要捣碎。
	混合肉馅（猪肉+牛肉）	✕	△	○	○	脂肪含量较高，要控制使用的量。要选择瘦肉部分多的。
加工食品（肉）	培根	✕	✕	✕	○	盐分、脂肪含量较高，使用的量最多是给汤调味的程度。
	火腿	✕	✕	✕	○	要选择盐分和添加成分较少的，要控制给婴儿食用的量。
	咸牛肉罐头	✕	✕	✕	○	含盐分、脂质和添加成分，要尽量避免使用。若使用，要控制给婴儿食用的量。
	香肠	✕	✕	✕	○	可以选择无添加成分、没有皮的。要焯水去味、去盐分后再给婴儿食用。

肉类食品要从脂肪含量低的鸡脯肉开始

　　婴儿从蠕嚼期开始可以食用肉类食品。要选择脂肪含量少的部分，按照鸡肉、牛肉、猪肉的顺序来给婴儿食用。最开始的肉类食品建议选择鸡脯肉，脂肪含量低，且容易消化，冷冻后捣碎，和粥拌在一起，或放入勾芡的汤里加热，比较容易食用。肉糜也要从鸡脯肉、瘦肉开始逐渐让婴儿适应。火腿、香肠等加工食品中含有添加成分和盐分，需要注意，辅食期不可以随意给婴儿食用，最多只可以作为海鲜汁的原料，婴儿满1岁之后，也需要注意不能食用过量。

	食材	吞咽期 6个月左右	蠕嚼期 7~8个月	细嚼期 9~11个月	咀嚼期 1~1岁半	要　点
乳制品	牛奶	✕	○	○	○	烹饪中可以使用。
	发酵型酸奶	✕	○	○	○	具有黏性，和蔬菜、水果搭配在一起非常合适。要选择无糖的。
	天然干酪	✕	○	○	○	盐分、脂肪成分含量较少，建议食用。脱水型更加方便。
	加工干酪	✕	○	○	○	盐分、脂肪成分含量较高，只能用来调味。
	卡门培尔干酪	✕	○	○	○	盐分、脂肪成分含量较高，要控制使用的量。使用时量要少。
	奶酪	✕	✕	△	△	脂肪成分含量非常高，不太建议使用。
大豆制品	豆腐	△	○	○	○	可以作为最开始的植物蛋白质来源。最开始可以选择使用嫩豆腐，需要焯水。
	大豆（水煮）	✕	✕	○	○	要去掉薄皮，煮软后捣碎。
	纳豆	✕	○	○	○	最开始需要加热。和粥、乌冬面拌在一起更容易食用。
	豆奶	△	○	○	○	要选择无添加剂的，加热后进行烹饪。直接饮用要1岁之后再开始。
	黄豆粉	△	○	○	○	直接食用容易吸入粉末，所以要和粥、汤等拌在一起给婴儿食用。
	油炸豆腐	✕	✕	△	△	油分含量高，不易嚼烂，要到婴儿满1岁后，用热水泡过再食用。
	豆腐渣	✕	△	○	○	和其他食材拌在一起，容易食用。有消除便秘的功效。

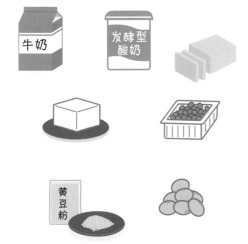

乳制品、大豆制品非常适合宝宝在辅食期食用

　　乳制品虽然很适合宝宝在辅食期食用，但有可能导致过敏，最开始要少量给婴儿食用并观察其食用后的状况。酸奶要选择不加糖的发酵型酸奶，由于有酸味，所以和胡萝卜、南瓜等味道甜的蔬菜搭配在一起，或是和苹果、香蕉等水果捣碎后拌在一起，比较容易食用。为了预防过敏，水果和蔬菜加热后再食用比较放心。大豆制品非常容易消化吸收，营养丰富，最适合宝宝在辅食期食用。纳豆是比大豆本身营养价值更高的食材。可以将纳豆碎加热，一点一点少量地给婴儿食用。

续表

	食材	吞咽期 6个月左右	蠕嚼期 7~8个月	细嚼期 9~11个月	咀嚼期 1~1岁半	要 点
鸡蛋	蛋黄	✕	○	○	○	煮熟后从1小茶匙的量开始给婴儿食用。用海鲜汁等稀释后更容易食用。
	蛋白（整个鸡蛋）	✕	△	○	○	婴儿适应蛋黄后，可以一点一点少量地给婴儿食用。一定要加热至全熟。
	生鸡蛋	✕	✕	✕	✕	有可能导致过敏或食物中毒，辅食期禁止给宝宝食用。
	日本豆腐	✕	✕	✕	△	含有盐分和添加成分，不太建议给婴儿食用。

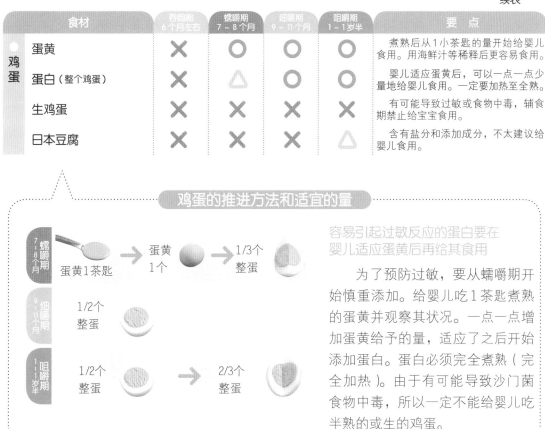

鸡蛋的推进方法和适宜的量

蠕嚼期 7~8个月
蛋黄1茶匙 → 蛋黄1个 → 1/3个整蛋

细嚼期 9~11个月
1/2个整蛋

咀嚼期 1~1岁半
1/2个整蛋 → 2/3个整蛋

容易引起过敏反应的蛋白要在婴儿适应蛋黄后再给其食用

为了预防过敏，要从蠕嚼期开始慎重添加。给婴儿吃1茶匙煮熟的蛋黄并观察其状况。一点一点增加蛋黄给予的量，适应了之后开始添加蛋白。蛋白必须完全煮熟（完全加热）。由于有可能导致沙门菌食物中毒，所以一定不能给婴儿吃半熟的或生的鸡蛋。

维生素、矿物质来源

蔬菜、水果加热后甜度会增加，适合和其他食材搭配在一起，是有助于婴儿健康成长的重要营养来源。

	食材	吞咽期 6个月左右	蠕嚼期 7~8个月	细嚼期 9~11个月	咀嚼期 1~1岁半	要 点
黄绿色蔬菜	胡萝卜	△	○	○	○	加热后味道更甜。还可以让辅食看起来色彩更好看，营养价值也很高。
	菠菜	△	○	○	○	要选择嫩叶部分使用。煮好后用水浸泡除味。
	南瓜	△	○	○	○	加热后捣碎，口感更好，味道香甜，适合辅食期给宝宝食用。
	西红柿	△	○	○	○	去皮、去籽后使用。非常适合做汤或是调味。
	青椒	✕	○	○	○	开始阶段要煮软、去皮、捣碎后再给婴儿食用。
	秋葵	✕	○	○	○	去籽后煮软，用菜刀拍打去除黏液后更容易食用。

	食材	吞咽期 6个月左右	蠕嚼期 7~8个月	细嚼期 9~11个月	咀嚼期 1~1岁半	要点
黄绿色蔬菜	西蓝花	△	○	○	○	吞咽期捣碎后加入粥中，或是和勾芡的汤拌在一起。
	芦笋	△	○	○	○	要选择纤维含量少、新鲜的、娇嫩的笋头部分。
	豌豆角	×	△	○	○	煮软后切碎。勾芡后更容易食用。
	扁豆	×	△	○	○	有嚼劲，不容易食用，切碎后再进行烹饪。
	白萝卜叶	△	○	○	○	将新鲜的菜叶部分煮软、捣碎后，和粥搭配在一起非常合适。
	大头菜的叶	△	○	○	○	将新鲜的菜叶部分煮软、捣碎后，和粥或汤拌在一起。
浅色蔬菜	白萝卜	×	△	○	○	去皮后用水浸泡去味，切碎后再进行烹饪。
	茄子	×	△	○	○	去皮后加热，捣碎后和其他食材拌在一起也可以。
	黄瓜	△	○	○	○	煮软后会变甜，需要捣碎。
	洋葱	×	△	○	○	煮或炒后味道会更甜，需要捣碎。
	生菜	△	○	○	○	加热后煮软，适合加入汤中或是做成卤汁。
	卷心菜	×	○	○	○	将菜叶较嫩的部分煮软后，味道会更甜。
	芹菜	×	△	○	○	纤维含量较多，可以用搅拌机搅碎后加入汤中。
	莲藕	×	×	○	○	去味后捣碎，煮软后更容易食用。
	牛蒡	×	×	○	○	去味后煮软再进行烹饪，能有效缓解便秘。
	大头菜	△	○	○	○	煮过后味道会变甜，口感软，且没有涩味，很适合在辅食期食用。
	香草类	×	×	△	○	刺激性较强，没有必要勉强给婴儿食用。
	菜花	△	○	○	○	开始阶段要使用菜花花头部分，煮好后切碎再进行烹饪。
	豆芽	×	△	○	○	切下须根和芽的部分，煮软后进行烹饪。做成卤汁更容易食用。
豆类	毛豆	×	△	○	○	细嚼期之后，切碎后可以加入烤馅饼中。
	青豌豆	×	○	○	○	煮软后剥皮，捣碎后再进行烹饪。
	蚕豆	△	○	○	○	煮软后捣碎，和牛奶拌在一起做成法式汤也可以。
	红小豆	△	○	○	○	水煮后剥去薄皮，捣碎，要避免使用加糖的红小豆。

续表

食材		吞咽期 6个月左右	蠕嚼期 7~8个月	细嚼期 9~11个月	咀嚼期 1~1岁半	要 点
水果	苹果	△	○	○	○	捣碎后更容易食用，具有调整肠胃的功效，可以改善便秘、腹泻。
	草莓	△	○	○	○	开始阶段要捣碎，和酸奶搭配在一起非常适合。
	香蕉	△	○	○	○	口感黏糯，适合宝宝在辅食期食用，同时还是能量来源。
	橘子	△	○	○	○	剥皮后只给婴儿食用果肉部分。有软化粪便的作用。
	橙子	△	○	○	○	和橘子一样，只能给婴儿食用果肉部分。
	甜瓜	△	○	○	○	皮肤接触果汁可能导致皮肤红肿，需要注意。
	西瓜	△	○	○	○	水分含量多，吞咽期食用也很适合。要注意不要让婴儿误食西瓜籽。
	葡萄	△	○	○	○	葡萄口感滑，容易吞进喉咙里，所以需要剥皮后再给婴儿食用。
	猕猴桃	△	○	○	○	去籽，有的婴儿会不喜欢它的酸味。
	梨	△	○	○	○	开始阶段水煮后更容易食用。
	芒果	✕	✕	△	○	有可能导致嘴角红肿这一过敏症状，要注意，一点一点地少量给予。
	菠萝	✕	✕	△	○	纤维含量多，不易食用，没有必要勉强给婴儿食用。
	牛油果	✕	✕	△	△	脂质含量高，不建议食用。给婴儿食用时要少量给予。
	蓝莓	✕	△	△	○	去皮后捣碎，和酸奶拌在一起给婴儿食用。
	水果罐头	△	○	○	○	尽量选择新鲜水果，若使用水果罐头，需要将糖浆冲洗干净。

辅食期应多选择应季的食材水果

　　蔬菜加热是基本原则，但有一部分蔬菜苦味、涩味较重，还有一些香草类食物具有较强的药理作用，烹饪后也没办法变软，这样的食材可以不使用，辅食期没有必要一定让婴儿食用。处于预防过敏的考虑，水果加热后再食用比较放心。特别是新鲜菠萝，由于含有蛋白质分解酵素，舌头会有刺痛感，建议加热后再给婴儿食用。

食材	吞咽期 6个月左右	蠕嚼期 7~8个月	细嚼期 9~11个月	咀嚼期 1~1岁半	要点
海藻					
裙带菜	✗	△	○	○	用盐渍法储存的食品用水清洗后可以去除盐分，煮软后可以食用。
羊栖菜	✗	△	○	○	煮软后和米饭、豆腐拌在一起更容易食用。
烤海苔	✗	△	○	○	水煮或用水浸泡后会变得黏黏的，容易粘在喉咙里，需要注意。
海白菜	✗	✗	○	○	容易吸进喉咙里，所以和粥或者豆腐拌在一起给婴儿食用。
咸味海苔	✗	✗	✗	△	味道重，且含添加成分，需要注意，尽量避免给婴儿食用。
韩国海苔	✗	✗	✗	✗	盐分、油分含量高，味道重，不适合辅食期给婴儿食用。
海苔佃煮	✗	✗	✗	△	市场上售卖的产品盐分含量高，不可以使用。可以用烤海苔稍微调味制作。
山药泥海带	✗	△	○	○	盐分含量高，不容易消化，切碎后少量食用。
琼脂粉	✗	△	○	○	可以和多种食材拌在一起做成果冻状，容易粘在喉咙里，需要注意。
海蕴	✗	△	○	○	切碎后加入粥或汤中，需要控制食用的量。
裙带菜	✗	△	△	△	含盐分和添加成分，不太建议给婴儿食用。
海带干	✗	✗	✗	✗	含盐分和添加成分，不容易消化，作为加餐给婴儿食用也不可以。
其他					
菌类	✗	△	○	○	有嚼劲，需要切碎，但食用过多容易导致腹泻。
紫苏	✗	△	○	○	可以用来调味，但不必勉强婴儿食用。
大蒜	✗	✗	△	△	刺激性强需要注意，使用大蒜油没有问题。
生姜	✗	✗	△	△	刺激性强，可以不给婴儿食用。
什锦蔬菜	△	△	○	○	充分加热、去皮后可以给婴儿食用。
果酱	✗	△	△	△	应选择糖分和添加成分少的，每次少量给婴儿食用。
芝麻酱	✗	✗	△	△	可能导致过敏，开始时先少量给婴儿食用。
梅干	✗	△	○	○	盐分含量高，使用的量只能是用来调味的程度。
鱼粉拌紫菜	✗	✗	✗	△	市场上售卖的产品多含盐分、添加剂，不建议给婴儿食用。
魔芋	✗	✗	✗	✗	容易咬不烂，粘在喉咙里，有危险性，不可以给婴儿食用。

要注意海藻类食品中含盐分，尽量不使用市场上售卖的，要自己动手做。

　　海藻类食品有益于健康，但不太容易消化，应从细嚼期开始每次少量给婴儿食用。咸味海苔、韩国海苔、海苔佃煮等盐分含量高，不适合辅食期食用。海苔佃煮将海苔用水煮过即可，非常简单，想给婴儿食用时一定要试着手工制作。鱼粉拌紫菜也同样，想要使用时，可以用食品搅拌机将海白菜打碎，手工来制作，这样不必担心添加成分，更加放心。

辅食期不需要调味料，味道要清淡，可以充分发挥食物本身的味道

　　味道清淡是辅食的基本原则。食材本身所含的盐分、甜味已经足够，所以应尽可能不使用调味料。番茄酱味道浓，如果想使用，推荐选择没有调味、无添加成分的番茄泥。蛋黄酱中含有生鸡蛋的成分，容易导致过敏，需要注意。把大人吃的东西分给婴儿食用时也需要注意，婴儿吃的东西一定要事先加热。

调味料、油

　　辅食期调味料不是必需的。即使是想要调味，也应少量使用。海鲜汁可以自己动手做，或选择没有添加成分的海鲜汁料包。

食材	吞咽期 6个月左右	蠕嚼期 7~8个月	细嚼期 9~11个月	咀嚼期 1~1岁半	要　点
白糖	△	○	○	○	食材本身的甜味已经足够，不需要再调味，一定要用的时候需要注意使用的量。
盐	×	△	△	△	母乳或食材本身含有的盐分已经足够，尽可能不使用。
醋	×	×	○	○	婴儿不喜欢酸味，所以没有必要使用。
酱油	×	×	○	○	盐分含量高，不能用来调味，一定要用的时候，最多1~2滴。
味噌	×	△	○	○	可以选择无添加成分的，需要控制用量，味噌用量约为大人用量的(1/4)~(1/3)。
番茄酱	×	○	○	○	味道较浓，只能少量使用，更推荐使用番茄泥。
蛋黄酱	×	×	×	×	鸡蛋有可能导致过敏，细嚼期后，可以加热后少量食用。
黄油	△	○	○	○	可以少量食用，含盐分，应尽可能选择不加盐黄油。
人造黄油	×	×	×	×	含反式脂肪酸，最好不使用。
生奶油	×	○	○	○	脂肪含量高，应控制用量。植物性生奶油没有添加成分的也不能使用。
沙司（伍斯特辣酱油、中浓）	×	×	×	△	盐分、糖分、添加成分含量高，香料刺激性强，不建议使用。
蚝油	×	×	△	○	可以少量用于调味，但没有必要一定使用。
甜料酒	×	×	△	△	糖分含量高，应尽量避免使用。使用前一定要加热使酒精挥发。

食材	吞咽期 6个月左右	蠕嚼期 7~8个月	细嚼期 9~11个月	咀嚼期 1~1岁半	要　点
无添加海鲜汁料包	△	○	○	○	可以选择无添加成分、质量好的海鲜汁料包，更推荐手工制作。
风味调味料	✕	✕	△	△	含盐分和化学调味料，尽量不使用，而选择天然食材。
清炖肉汤（市售品）	✕	✕	✕	△	盐分含量高，最好不使用。使用时应选择宝宝专用的清炖肉汤。
鸡精	✕	✕	△	△	盐分较多，最好不使用。
白酱油海鲜汁	✕	✕	△	○	可以少量用来调味，应选择无添加成分的。
胡椒粉	✕	✕	△	△	刺激性过强，最好不使用。
香辛料（山榆菜、芥末、辣椒）	✕	✕	✕	✕	刺激性强，最好不使用。将大人饭菜分给婴儿食用时也需要注意。
柑橘汁酱油	✕	✕	△	△	盐分含量高，最好不使用。使用时应选择无添加成分的。
面类调料	✕	△	△	○	可以选择无添加成分的少量使用，适用量约为大人的（1/5）~（1/4）。
沙拉酱	✕	✕	△	△	油分、盐分、香辛料含量高，最好不使用。
烤肉酱	✕	✕	△	△	盐分、香辛料含量高，刺激性过强，尽量避免使用。
咖喱粉	✕	✕	△	△	刺激性强，最好不使用，用来调味也应少量使用。
甜面酱	✕	✕	△	○	味道重，只能少量使用。
蜂蜜	✕	✕	✕	○	含有肉毒杆菌，容易引起食物中毒，1岁之前不能给宝宝食用。
色拉油	✕	△	△	○	亚油酸含量高，如果有遗传性皮炎等炎症，应避免使用。
橄榄油	△	○	○	○	耐高温不易酸化，对健康有益，推荐使用。要控制用量。
玉米油	△	○	○	○	亚油酸含量高，要注意不能过量使用。
芝麻油	△	○	○	○	亚油酸含量高，注意不能过量使用。
紫苏油	△	○	○	○	不耐高温，可以和沙拉酱拌在一起，少量使用生油也可以。
白苏油	△	○	○	○	可以预防过敏，对身体有益，推荐使用生油。

油要选择高质量的，注意不要使用过量

　　为了预防由过敏引起的炎症，推荐使用含α-亚麻酸的紫苏油或白苏油，但这两种油不耐高温，建议使用生油。加热的辅食选择耐高温、不易氧化的精炼橄榄油最为合适。另外，亚油酸摄取过量会导致遗传性皮炎、气喘等炎症恶化。但这只是摄取过量的问题，只要适量使用就没问题。

饮料

茶类饮料中含有咖啡因，果汁类饮料中含有糖分，需要注意，基本上应选择白开水。麦茶应尽可能选择专供宝宝饮用的或无添加成分的。

食材	吞咽期 6个月左右	蠕嚼期 7~8个月	蚆嚼期 9~11个月	咀嚼期 1~1岁半	要 点
麦茶	✕	△	○	○	将大人喝的给婴儿饮用时，应选择无添加成分的，并用白开水稀释。
绿茶	✕	△	○	○	含咖啡因、单宁酸，可以稀释后少量饮用。
焙茶	✕	△	○	○	含有咖啡因，可以稀释后少量饮用。
粗茶	✕	△	○	○	含咖啡因、单宁酸，可以稀释后少量饮用。
咖啡	✕	✕	✕	✕	咖啡因含量高，刺激性强，不可以给婴儿饮用。
可可	✕	✕	△	○	选择不加砂糖的，将可可少量加入奶粉中比较好。
红茶	✕	✕	✕	△	咖啡因、单宁酸含量高，最好不给婴儿饮用。
香草茶	✕	✕	✕	△	含对人体有害的成分，最好不给婴儿饮用。
乌龙茶	✕	✕	✕	△	咖啡因含量高，最好不给婴儿饮用。
矿泉水	✕	✕	✕	△	矿物质会给消化器官造成负担，应尽量避免给婴儿饮用生水。
100% 果汁	✕	✕	✕	△	糖分含量高，1岁以后再给宝宝饮用。
蔬菜汁	△	△	△	△	应选择不加盐的，稀释后可以饮用，要控制饮用的量。
乳酸菌饮料	✕	✕	△	△	糖分含量非常高，最好不给婴儿饮用。
碳酸饮料	✕	✕	✕	✕	刺激性强，糖分含量高，不要给婴儿饮用。
奶昔	✕	✕	✕	✕	糖分含量高，不要给婴儿饮用。
酸奶	✕	✕	△	△	糖分含量高，注意不要饮用过量。
咖啡牛奶饮料	✕	✕	✕	✕	含咖啡因，糖分含量高，不要给婴儿饮用。
宝宝离子饮料	△	△	△	△	发烧或腹泻的时候饮用可以防止脱水，平时不要过多饮用。
运动饮料	✕	✕	✕	✕	糖分含量高，且含少量盐分，不要给婴儿饮用。

宝宝身体状况不佳时的应对方法

这种时候该怎么办

宝宝生病妈妈一定会很担心，但这种时候更需要冷静面对

发热、腹泻、呕吐，当婴儿身体状况出现问题的时候，首先要去医院接受诊断，按照医生的诊断进行处理是最重要的。但是，事先掌握基本的应对方法，可以处理得更加得心应手。出现发热、腹泻、呕吐等时，一定要注意的是脱水症状。虽然婴儿体内70%是水分，但保持水分的功能尚未发育成熟，所以容易出现脱水症状。如果婴儿没有食欲，则没有必要勉强他们吃饭，而要注意补充水分。随着病情的好转，食欲也会自然恢复，所以不要着急，好好地观察婴儿的状况。生病时，应该做一些对肠胃造成的负担较小的辅食。

身体状况不佳时的应对方法

1
不要忘记补充水分

对于婴儿的病症，最应该担心的就是脱水症状。特别是发热、腹泻、呕吐的时候，水分容易流失，需要注意。要勤给婴儿补充水分。

2
没有必要勉强婴儿吃饭

宝宝在生病时会没有食欲，这时没有必要勉强他们吃饭。要多注意水分的补给，等病情好转，食欲也会自然恢复，这需要我们耐心等待。

3
食欲恢复后，逐步重新开始添加辅食

食欲恢复之后，可以从粥、乌冬面、汤等重新开始添加辅食。要注意不要使用会给肠胃造成负担的纤维质食物和油。观察宝宝的状况，尽可能早一点恢复到正常的食量和辅食内容。

发热

体温上升的时候

宝宝没有食欲的时候，没有必要勉强他们吃饭。要注意补充水分。出汗会导致钾、钠等元素流失，建议给婴儿喝ORS（口服补液盐）来补充电解质。ORS中的OS-1、婴儿补水ORS等产品市面上有卖的，但也可以自己制作。还可以利用其他婴幼儿离子饮料。母乳、配方奶也可以用来补充水分。发热会消耗维生素和矿物质，可以通过饮用稀释的果汁、蔬菜汤来补充。如果婴儿有食欲，正常吃辅食也可以，应选择煮软的乌冬面、粥等对肠胃造成的负担小、容易消化的食品。苹果等水果捣碎后，口感更好，更容易食用。

要 点

要好好补充水分+维生素、矿物质

不必勉强婴儿吃饭

口服补液盐的制作方法

1L烧开的水中加入砂糖40g、盐3g，搅拌至充分溶解变成透明状态。可以加入少量苹果汁、柠檬汁来调味，这样更容易饮用。

体温下降的时候

体温下降、食欲恢复的时候，可以重新开始添加辅食。为了恢复体力，制作一些可以补充碳水化合物以及发热期间消耗的蛋白质、维生素C的辅食，应选择容易消化吸收的食品。可以选择豆腐、鸡脯肉、鸡蛋、乳制品等蛋白质来源的食物搭配粥、乌冬面给婴儿食用。且不要忘记给婴儿吃蔬菜、水果来补充维生素、矿物质。要继续勤给婴儿补充水分。

要 点

通过蔬菜、水果来补充维生素、矿物质

补充能量+优质蛋白质

选择容易消化吸收的食材

热度退下后的体力恢复

豆奶苹果粥
蠕嚼期

食材
5倍粥（p36）
　　　　　　3½ 大茶匙
　　　　　　少一点（50g）
苹果 ⋯⋯⋯⋯ 5g
豆奶 ⋯⋯⋯⋯ 2大茶匙
制作方法
❶ 5倍粥捣碎。
❷ 苹果煮软，过滤。
❸ 将粥和苹果加入耐热容器中，加入豆奶搅拌均匀，放入微波炉中加热20秒钟左右。

蛋黄卷心菜粥
细嚼期

食材
卷心菜 ⋯⋯⋯ 20g
5倍粥（p36）
　　　　　6大茶匙（90g）
蛋黄 ⋯⋯⋯ 1个蛋的量
制作方法
❶ 卷心菜煮软，切碎。
❷ 锅中加入卷心菜碎和5倍粥，开较弱的中火煮。
❸ 步骤 ❷ 中加入鸡蛋黄，快速搅拌，至鸡蛋完全煮熟。

鸡蛋胡萝卜乌冬面
咀嚼期

食材
煮乌冬面 ⋯⋯ 100g
胡萝卜 ⋯⋯⋯ 30g
海鲜汁 ⋯⋯⋯ 150ml
鸡蛋液 ⋯⋯ 1/2个蛋的量
制作方法
❶ 乌冬面切成2～3cm的小段，胡萝卜捣碎。
❷ 锅中加入步骤 ❶ 和海鲜汁，开中火煮，煮沸后关小火，再煮3分钟左右。
❸ 步骤 ❷ 中加入鸡蛋液，煮至鸡蛋全熟。

呕吐

恶心程度剧烈的时候，最好不让婴儿吃东西

　　婴儿的胃的形状是呈水平状的，比较容易呕吐。咳嗽、打嗝时若伴随呕吐，如果有精神，也有食欲，这时根据婴儿的状况，吃东西也没关系。发热、腹泻、反复呕吐的时候，就一定要接受医生的诊断。吃饭吐、喝水吐，这样反复地呕吐会引发脱水症状。当强烈的呕吐有所好转之后，可以试着让婴儿喝1杯白开水。如果没有呕吐，30分钟之后可以再喝1杯，之后每过30分钟增加一点量，来补充水分。除了白开水，还建议使用离子水或ORS（口服补液盐见p165）。如果呕吐没有好转，则需要再一次去医院让医生诊断。

　　如果需要补充100ml以上的水，可以通过粥或煮软的乌冬面等易于消化的食物来补充。用蔬菜汤来调味，还可以有效补充维生素、矿物质。调味时要清淡一些，食材要煮软，这样对消化系统造成的负担比较小。不可以给婴儿食用过冷或过热的刺激性食物。柑橘类、酸奶等酸味食品具有刺激性，应尽量避免给婴儿食用。

要　点

病情好转后，一点一点地补充水分
（要注意呕吐时不可以使用果汁。）

呕吐剧烈的时候，要遵从医生的指导。

✕ 这些食材不可以使用！

- ☐ 酸味食品
  （柑橘类、酸奶）
- ☐ 硬的食物
  （饼干、仙贝）
- ☐ 粉状食品（黄豆粉）
- ☐ 过热、过冷的食品　　　等

喝水后没有问题的情况下

清淡苹果汁（勾芡）

食材
苹果汁……………1大茶匙
水淀粉（淀粉：水＝1：2）
　………………少许

制作方法
❶ 将苹果汁倒入耐热容器中，加入2大茶匙水，放入微波炉中加热45秒钟左右。
❷ 步骤 ❶ 中加入水淀粉，快速搅拌，勾芡（如果芡汁不够浓，可以再放入微波炉中加热几秒钟，快速搅拌）。

粥拌豆腐汤

食材
5倍粥（p36）
　…………6大茶匙（90g）
豆腐…………45g
海鲜汁……1/3杯

制作方法
全部食材加入锅中，搅拌均匀，豆腐捣碎，开中火，煮沸后关火。

土豆泥汤

食材
土豆……………80g
海鲜汁……3大茶匙

制作方法
❶ 土豆煮软后捣碎。
❷ 步骤 ❶ 中加入海鲜汁稀释。

口腔炎

在食材的选择和烹饪方法上花些心思，哪怕只是一点点，也可以让食物更容易食用

口腔炎包括溃疡性、疱疹性、念珠菌性等多种类型。口腔炎发作时，吃东西变得困难，即使肚子饿也会因为疼痛而不想吃东西，婴儿会因此变得心情不好。应选择口感顺滑、对口腔刺激较小的食物，比如葛粉汤、豆腐，蠕嚼期以后可以手工制作容易饮用的法式汤、奶油汤等食品。另外，由于一次进食的量较少，可以选择少量食用即可补充能量的食品，比如香蕉、红薯、粥、乌冬面等。应当减少一次进食的量，而增加进食的次数。

热、硬、酸、咸等刺激性食物不可以给婴儿食用，应选择味道清淡的，饮料应选择常温的给婴儿饮用。

要 点

选择营养价值高的食品，每次少量给予。

选择刺激性小、口感细腻的食物。

容易引起脱水症状，要好好补充水分。

容易饮用的食材

- 葛粉汤
- 法式汤
- 奶油汤
- 豆腐
- 等

能量高的食材

- 红薯 · 香蕉
- 乌冬面 · 粥
- 土豆 · 牛奶
- 面包粥
- 白汁沙司 · 等

✕ 这些食材不可以使用!

| 酸味食品 |
| （柑橘类、梅干、柑橘汁、沙拉酱） |
| 硬的食物 |
| 过热的食物 |
| 咸味重的食物 等 |

▎**口感细腻、容易食用的辅食**

纳豆拌茄子 （蠕嚼期）

食材
茄子·············15g
纳豆碎·········12g

制作方法
❶ 茄子去皮，用保鲜膜包好后放入微波炉中加热30秒钟左右，纳豆碎放入耐热容器中，放入微波炉中加热15秒钟左右。
❷ 步骤❶晾凉后，将茄子切碎，和纳豆碎拌在一起。

沙丁鱼大头菜糊 （细嚼期）

食材
大头菜·········20g
小沙丁鱼干·····15g
水淀粉（淀粉：水＝1：2）
·················少许

制作方法
❶ 大头菜去皮，捣碎。
❷ 倒1/2杯热水，将小沙丁鱼干放入泡5分钟左右，沥干水分切碎。
❸ 锅中加入大头菜碎和小沙丁鱼干碎，添1/2杯水，小火煮3分钟左右。
❹ 煮好后加入水淀粉勾芡。

土豆胡萝卜法式汤 （咀嚼期）

食材
土豆·············50g
胡萝卜···········20g
牛奶·············40ml

制作方法
❶ 土豆、胡萝卜去皮，切成薄片。
❷ 锅中加入步骤❶，添水至没过食材，煮软后转小火（煮的过程中水少的时候要添水）。
❸ 将煮好的蔬菜取出，捣碎后再放回锅中，加入牛奶，稍微煮一会儿，不用到煮沸的程度。

腹泻

避免使用含纤维食材和油脂类食材，选择容易消化的食材。

　　腹泻的时候，水分、营养不足，容易消耗体力，如果婴儿有食欲，可以吃正常的辅食。

　　如果婴儿没有食欲，首先要做的是补充水分。可以选择ORS（OS-1、婴儿补水ORS等）、婴幼儿离子饮料、味噌汤中的清汤部分加上白开水的混合饮料。如果婴儿想喝，可以让他们饮用母乳或配方奶。

　　食欲恢复后，可以给婴儿食用容易消化的粥、乌冬面。苹果、胡萝卜等食品中含有较多果胶，具有调节肠胃的功效。此外，还可以给宝宝食用过滤后的蔬菜、白肉鱼、豆腐等优质蛋白质，调味时比平时浓一些来补充流失的盐分。为了恢复体力，应尽早恢复正常的辅食添加。

要　点

补充水分，预防脱水。

为了恢复体力，应尽早恢复正常的辅食添加。

腹泻1天5次以上的时候

❶ 首先在粥里加入含果胶的食材

❷ 步骤❶中添加脂肪含量少的蛋白质食材

❸ 步骤❷中添加纤维含量少的过滤后的蔬菜

❹ 恢复正常的辅食添加

✕ 这些食材不可以使用！

□ 纤维含量多的蔬菜、豆类（卷心菜、小油菜、韭菜、豆芽、大葱）

□ 油脂类食品（黄油、生奶油、油）

□ 乳制品
　　　　　　　　　　　　　等

含有果胶，有利于改善腹泻的辅食

胡萝卜香橙粥 （蠕嚼期）

食材

胡萝卜⋯⋯⋯ 15g
橙子⋯⋯⋯ 5g
10倍粥（p36）
　⋯⋯⋯ 3大茶匙（45g）

制作方法

❶ 胡萝卜煮软，和橙子一起捣碎。

❷ 将步骤❶和10倍粥拌在一起。

苹果炖红薯 （细嚼期）

食材

红薯⋯⋯⋯ 60g
苹果⋯⋯⋯ 10g

制作方法

❶ 红薯、苹果去皮，切成薄片。

❷ 锅中加入步骤❶，添水至没过食材，煮软后转小火（煮的过程中，水少时要添水）。

❸ 将步骤❷捣碎。

彩椒鸡脯肉菜粥 （咀嚼期）

食材

彩椒⋯⋯⋯ 30g
鸡脯肉⋯⋯⋯ 15g
5倍粥（p136）
　⋯⋯⋯ 6大茶匙（90g）

制作方法

❶ 彩椒去皮，切碎。鸡脯肉去筋，切碎。

❷ 锅中加入步骤❶，添水至没过食材，开中火煮，至鸡脯肉煮熟。

❸ 将步骤❷和5倍粥拌在一起，稍微煮一会儿。

便秘

导致便秘的原因有很多
包括饮食、水分、生活习惯等方方面面

　　排便的次数、粪便的状态，根据婴儿个体的差异，也会有所不同，所以没有几天不排便就是便秘这样明确的基准。排便困难则称为便秘，排便时看起来疼痛，或是可以根据婴儿的状况来判断。哺乳期的便秘是由于母乳不足或腹压不足导致的，需要我们努力来消除。为了软化粪便，可以试着让婴儿服用软化粪便的药或砂糖水（浓度1%～3%）。

　　开始添加辅食后便秘的原因，主要有饮食量不足、水分不足、生活不规律，等等。首先通过母乳、配方奶、蔬菜汤等来补充水分。还建议选择可以调整肠胃环境的益生菌酸奶、纳豆，以及可以作为益生元的含有膳食纤维的蔬菜、水果、海藻类、豆类食材。黄油、植物油等油脂类食材、柑橘类食材有促进排便的作用。在调整食谱的同时，养成规律的生活习惯也非常重要。每天的用餐时间要有规律，并且每天要有足够的运动、玩耍时间。

推荐的食材

增加粪便的大小

　　膳食纤维在肠内不易消化吸收，可以增加粪便的大小，还具有刺激肠胃的功效。具有这样功效的食材包括牛蒡、菌类、土豆、南瓜、芋头、叶菜类、西蓝花、纳豆、黄豆粉、红小豆、海藻等。

让肠胃"动起来"的食材

　　酸奶、纳豆等发酵食品中富含乳酸菌等有益菌，可以让肠胃功能更活跃。推荐低聚糖、膳食纤维等有益菌的营养来源。

预防便秘

　　容易便秘的时候，应比平时稍微多吃一些含糖分、油脂的食品以及乳制品。充分补充水分也很有效。

软化粪便

　　红薯、香蕉、苹果、草莓、西红柿、胡萝卜、柑橘类食材中富含果胶。果胶可以增加有益菌，从而调整肠胃环境，还可以有效调节粪便中的水分含量。

消除便秘的食谱

黄豆粉香蕉酸奶 （蠕嚼期）

食材

香蕉	40g
黄豆粉	1小茶匙
发酵型酸奶	50g

制作方法

❶香蕉捣碎。

❷将香蕉碎、黄豆粉、酸奶拌在一起，搅拌均匀。

卷心菜拌纳豆 （细嚼期）

食材

卷心菜	20g
纳豆	18g

制作方法

❶卷心菜煮软，切碎。

❷纳豆加入耐热容器中，放入微波炉中加热20秒钟左右。

❸将卷心菜碎和纳豆搅拌在一起。

秋葵炒猪肉酸奶沙司 （咀嚼期）

食材

秋葵	30g
瘦猪肉	10g
植物油	少许
发酵型酸奶	2大茶匙

制作方法

❶秋葵煮软，长条形切成两半，去籽，切碎。

❷瘦猪肉切碎。

❸平底锅中加入植物油，中火烧热，放入瘦猪肉碎翻炒，炒熟后加入秋葵碎快速翻炒一会儿，取出。

❹步骤❸冷却后，加入酸奶拌匀。

怎么办才好

不同时期的

吞咽期

烦恼 Q&A

呜呜　我还要！
我还要！

不同的孩子对于添加辅食的反应也各不相同。
该怎样应对比较好呢？下面给大家提供一些建议。

Q 我的孩子比预产期早产了近1个月，按正常时间添加辅食可以吗？

A 一般应该按胎龄来计算，也要配合孩子成长的情况来决定开始添加辅食的时间。

　　早产儿月龄计算应按校正后的月龄（或叫胎龄），即以胎龄40周（预产期）为起点计算校正后的生理年龄。计算方法为：校正月龄＝（实际出生周数－早产周数）/4。例如宝宝是36周出生的早产儿，比正常早产4周。目前出生5个月（20周），则校正后的月龄＝（20－4）/4＝4个月。所以辅食添加可以比一般孩子晚2个月。但也不绝对拘泥于这个计算，可以参考婴儿发育情况，当出现"脖子能立起来""表现出对食物的兴趣""流口水"等倾向时，就可以考虑开始添加辅食了。

Q 基本上可以好好吃饭，想要吃的时候，可以再多给一些吗？

A 营养来源主要是母乳和配方奶，想要吃辅食的时候多给一些也可以。

　　基本上，宝宝若想要吃辅食，多给一些是可以的，但开始阶段需要注意。这一时期，婴儿的消化吸收功能尚未发育成熟，还容易引发过敏，所以食材的选择和食量都需要慎重确定。第一天只能喂1小茶匙大米粥，3天后可以增加1茶匙，1周后可以达到5茶匙的程度。适应了大米粥之后，可以逐渐添加蔬菜、豆腐等口感细腻的食材。

　　在辅食推进的过程中，要根据宝宝的状况来调整辅食的量。如果还想要吃，可以给予。但是，吞咽期的婴儿从辅食中获取的营养只占全部营养的10％，剩下90％的营养来自母乳、配方奶，如果食用辅食后不影响食用母乳、配方奶，就没有问题，但如果哺乳量大大减少，就要减少辅食的量，要注意哺乳量。此外，勺子的使用方法是否正确？可以参考p9（勺子使用方法的要点）进行确认。如果用勺子将食物抹在上颌来喂辅食，婴儿可能会一直吃，而无法判断是否吃饱。

170

Q 把粥放进嘴里后，会"呸"地吐出来。

A 应尽可能把粥捣碎至顺滑，可以用母乳、配方奶进行调味。

此前只食用过母乳、配方奶等液体的婴儿，会不喜欢有一点颗粒或粗糙的口感。而且大米粥煮得再软，也还是很容易有颗粒的感觉，所以要尽可能地将粥捣碎至顺滑的状态再给婴儿食用。

如果这样还是吐出来，就可能不是口感的问题，而是对味道有所抗拒。这时，可以少量加一点母乳、配方奶进行调味，让味道接近于宝宝习惯和适应的味道。

即使婴儿将食物吐出来，也要用勺子再一次送到嘴边。这样反复操作，婴儿可能会把食物和口水混在一起吃进去。

第一天就算没能好好吃饭，也不需要着急，随着时间的推移，宝宝会慢慢适应的。

Q 添加辅食开始后出现了腹泻，应该暂时停止吗？

A 如果婴儿精神很好，就不必担心。

辅食添加开始后，粪便会变稀，排便次数也会增加，出现这种情况的婴儿很多。此前婴儿只食用过母乳、配方奶等液体食物，突然开始吃辅食，肠胃会受到刺激，肠内细菌的平衡也会发生变化，随着辅食添加的继续，会慢慢适应，几周之后排便的次数和粪便的状态就会恢复正常。只要婴儿心情好，有食欲，体重也在逐渐增加，就不必担心，可以继续吃辅食。但如果持续腹泻，且没有精神，就需要去医院咨询医生。

Q 听说使用大人用的勺子是不可以的，这是真的吗？

A 为了防止细菌感染，勺子应该区分开。

大人的口腔中除了蛀牙菌、牙周病菌，还潜存着很多不知道的细菌。使用过的勺子上会附着含有这些细菌的口水，如果直接给婴儿喂食，婴儿的口腔内也很可能带入这些细菌和病毒。要注意婴儿的抵抗能力较弱，把大人的食物分给婴儿食用时，也要将勺子区别开使用。

想要试食物的温度时，不能用嘴巴接触去试，而应将食物放在手腕内侧来确认。还要避免妈妈将婴儿不易嚼碎的食物嚼碎后喂给婴儿。

是我熟悉的味道！

容易吃！

Q 动手做辅食，宝宝的口感更好……

A 在充分利用宝宝食品的同时，也应一点一点自己动手做辅食。

宝宝食品比较顺滑，口感细腻，婴儿很容易食用。但是，食材的形状、软硬、味道比较单一，这就成了问题。出门时或者比较忙的时候，只选择平时食谱中的一种来做比较好，但还是应当尽可能让食材和味道更丰富，让宝宝体验不同的口感，这样有利于培养他们的味觉和咀嚼能力。

动手做辅食时，食材中的一种可以选择使用宝宝食品，或是尝试做得接近于宝宝食品的味道，一点一点试着做，让宝宝慢慢习惯妈妈做的辅食。

Q 粪便变硬，担心便秘问题……

A 可能是因为哺乳量减少，水分不足导致的。

粪便变硬的其中一个原因是水分不足。吃辅食后，哺乳量会逐渐减少，所以要有意识地让婴儿喝凉白开。另外，还要调整食谱的内容，多使用一些含有益生菌的酸奶，或是含有膳食纤维的蔬菜、水果、薯类食品等。纤维容易残留在嘴里，所以要煮软、捣碎、勾芡，这样更容易食用。

另一个重要的原因是生活规律。要尽可能每天都在同一时间段让婴儿吃辅食，通过这样来使作息规律。

Q 尝试使用新食材，宝宝却不吃，没有办法让食谱变得丰富。

A 宝宝不喜欢新食材的理由包括：不喜欢味道、不喜欢口感、不容易食用等方方面面。

若想要知道理由，可以改变一下食材、烹饪方法、味道，每次改变一点点是要点。将食材煮软，和喜欢吃的食材拌在一起，味道尽量接近习惯的味道，烹饪时尽可能让变化不那么突兀。比如，将香蕉、豆腐、粥、土豆泥、酸奶等拌在一起会更容易食用。另外，每次只能使用一种新的食材，这样出现过敏的时候容易判断原因，比较放心。

好不容易动手做的……

Q 出门时，吃辅食的时间会变得不规律。

A 生活规律非常重要，但不要过分在意，过于敏感。

怎么办才好呢？

在外面，没有吃辅食的场所和时间，回家后马上睡午觉，等等，有的时候就是没办法每天都在相同的时间吃辅食。这种时候，不要太敏感，随机应变就好。若睡午觉，就等醒来再吃，晚饭稍微晚一些，这些都没有关系。不过第二天要恢复到正常时间，尽可能保证生活规律不被打乱。如果吃辅食的时间多在外面，就要重新规划吃辅食的时间，以此为中心确立一天的时间表。

Q 一直都好好吃饭，但某一天突然不吃饭了，这是怎么了？

A 宝宝还会重新好好吃饭的，不要太过担心。

好不容易辅食添加进展得很顺利，可宝宝突然不吃了，出现"中途松懈"，这是很常见的，只要宝宝精神很好就没问题。

这一时期，宝宝的智力也在发育，会开始对各种各样的食物产生兴趣。有时会厌烦辅食，也会对其他食物产生兴趣，如果过于勉强，宝宝可能会讨厌吃饭。为了保持宝宝对吃饭的兴趣，可以多做一些尝试，比如和妈妈一起吃饭，调味上多一些变化，去公园吃饭，等等，适当地改变环境也是一件好事。不过，要注意，如果妈妈过分在意，会给自己造成很大压力。

Q 担心过敏，没办法从豆腐、白肉鱼开始。

A 做好马上采取应对措施的准备，尝试一点一点地少量给予。

过敏确实是需要担心的问题，但是，鸡蛋、乳制品、鱼、肉等食物中所含的蛋白质，是婴儿成长所必需的营养元素。吃多种多样的食物，有利于味觉的形成。因为担心就不让婴儿食用，是不明智的。

初次让婴儿食用时，选择可以马上采取应对措施的时间和地点，在医院开门的时间，在自己家中食用是不错的选择。最开始，给予非常少的量并观察婴儿的状况。鸡蛋要从煮熟的蛋黄开始，肉要从脂肪含量少的鸡脯肉开始，像这样注意辅食添加的顺序。如果还是担心，建议事先去医院咨询医生。

Q 总是一口吞，怎么样都不肯嚼。

A 将食材处理得软一些，容易嚼碎。

细嚼期

如果使用勺子的方法没有问题，婴儿一口吞的问题就可能是食物过硬不易嚼碎，或是食物太软，不用嚼就可以直接吞下导致的。食材要处理到用牙龈可以磨碎的程度，但是也不能太软不用嚼就可以吃下，另外，大小也很关键。可以将煮软的蔬菜、香蕉做成条形，让宝宝可以用手拿着吃，并且让食物有一定的嚼劲。此外，有时会因为太饿了而提前开始吃饭，这时我们就需要调整吃饭时间，可以一边说话一边让宝宝慢慢地吃饭。

Q 宝宝现在还是不吃辅食，完全不吃。

A 尝试减少哺乳的量和次数可能比较好。

宝宝的体重是否正常地增长？我们可以通过母子健康手册记录的成长曲线来确认。如果体重增长得不是很正常，就需要咨询一下医生。

如果体重增长得正常，那就很可能是母乳、配方奶食用过量。宝宝肚子饿的时候，比起辅食，会更想要母乳、配方奶。如果哺乳过量，宝宝肚子就不饿，或是吃奶时会变困，对妈妈的乳房有很强的依赖，可以考虑以上这些原因。可以尝试只在吃完辅食后哺乳、不用奶瓶而用杯子、改变吃饭的时间等办法。如果婴儿白天频繁地想要母乳，晚上哭得很剧烈，那么可以考虑断奶。

此外，可以想一些办法让婴儿保持对吃饭的兴趣，比如在第一阶段前做一些辅食、做可以用手抓着吃的辅食、和妈妈一起吃饭、到户外吃饭，等等。

Q 辅食吃得很多，食用辅食后是不是可以不再哺乳？

A 如果辅食吃得很好，之后不必再哺乳。

如果宝宝辅食吃得很好，并且不主动要喝奶，那么吃辅食后可以不再哺乳。不过，只依靠辅食可能导致营养不足，细嚼期的婴儿从辅食中获取的营养约占全部的60%～70%，剩下的部分需要从母乳或配方奶中摄取，所以1天3次的辅食之间，应当哺乳2～3次。

相反，如果食用辅食后还是想要喝奶，那么进行哺乳是没问题的。这种时候，宝宝不一定是因为肚子饿，而可能是想要和妈妈的肌肤亲近。不过，饭前哺乳会影响食欲，要避免。

Q 在外面吃饭的时候，把大人吃的东西分给宝宝可以吗？

A 在外面吃的东西不适合婴儿吃，尽量带着辅食出门。

这一时期，婴儿的大牙已经可以嚼碎食物了，但是大人吃的东西对于他们来说还是太硬了。另外，外面吃的东西味道过重，也不清楚用了什么食材、调味料，盐分、糖分摄取容易过量，添加成分也不明确，还可能导致过敏。去外面吃饭的时候尽量事先准备好辅食带着出门。如果一定要把外面的食物分给婴儿吃，也要注意不能是味道重、硬、生的食物，要选择煮得较软、味道清淡的食材或汤菜。

在家里把食物分给宝宝吃时，应当在调味之前分好，用海鲜汁或汤稀释，并且适当勾芡，把食物处理得容易食用，以免给婴儿尚未成熟的内脏造成负担。

Q 宝宝起床比较晚，目前一天吃两次辅食。第三次辅食应该什么时候给？

A 可以配合宝宝的节奏，把吃饭时间调得晚一些。

一日三餐重要的并不是3顿饭每顿都要吃足够的量，而在于养成规律的生活节奏。就算早上起得晚，不吃早饭也是不好的，可以不吃太多，但起床后应该开始第一次的辅食添加。如果第一餐在上午11点左右，第二餐可以是下午3点，第三餐是晚上7点，像这样，把时间调得晚一些。最开始的时候，不必非要让宝宝和大人吃饭的时间一致，而应该配合婴儿的节奏来决定一日三餐的时间。在接近辅食添加后期的时候，一点一点地调整，让三餐时间接近大人吃饭的时间。

Q 宝宝一直玩勺子，不肯好好吃饭。

A 玩耍也是非常重要的体验，应尽可能地耐心陪伴。

这一时期，婴儿还不能自己熟练地使用勺子吃饭，如果他们想自己拿着勺子，就让他们拿着没有关系，但是吃饭的时候，妈妈要把食物放进勺子里并帮助他们送到嘴里。还可以做一些能用手抓着吃的辅食。拿着勺子挥来挥去、用勺子敲打碗碟、故意让勺子掉在地上，等等，作为母亲可能会在意这些不好的行为，但这一阶段，拿着勺子玩也好，用手摆弄食物也好，都是非常重要的体验。要注意不要让孩子受伤，并且给予足够的耐心去陪伴。

175

Q 有的时候在吃蔬菜或肉的时候，会一直嚼，不咽下去。

A 做辅食时把它们和其他食材混在一起。

纤维、筋比较多的蔬菜或肉不容易嚼碎，很多孩子在吃的时候不知道什么时候可以咽下去。不容易食用的食物不要单独烹饪，和其他食材混在一起更容易食用。比如，可以切碎后和米饭、豆腐或土豆泥等拌在一起，或是勾芡做成汤。

不好嚼的蔬菜，可以用胡萝卜、南瓜、烫过的西红柿等容易食用的食材代替，肉则可以选择鱼、大豆、鸡蛋、乳制品等食材来代替，还可以起到补充蛋白质的作用，这一时期，不要勉强他们吃一些不容易咀嚼的食材。

Q 宝宝在吃了味道重的食物后，就不喜欢吃味道清淡的食物了。

A 会一点点习惯的，还是要坚持做味道清淡的食物。

吃味道重的食物，盐分、糖分会摄取过量，会影响孩子味觉的形成，要尽可能做味道清淡的辅食。如果吃惯了味道重的食物，可能会有一段时间讨厌味道清淡的东西，但是会慢慢忘记浓重的味道，适应清淡的味道。随着辅食的推进，把大人吃的东西分给宝宝吃的情况也会增加，要注意应在调味之前把食物分开，调过味的食物则要用汤或海鲜汁稀释，或是把大人吃的东西也做得清淡，要尽可能让宝宝享受食材原本的味道。

Q 宝宝应该和父母一起吃饭吗？

A 只要和父母一起坐在饭桌前就已经足够了。

若和爸爸妈妈一起，吃饭的时间会更快乐，食欲也会增加。宝宝看妈妈吃东西的时候，会问："这是什么？"像这样产生好奇，是培养他们吃新食材的好机会。他们还会自然地学会吃饭的礼仪和用餐方法。但是，如果吃饭的时间不一致，或是比较忙，只要周末有机会一起吃饭，则不必每天必须在一起。要忙着照顾孩子吃饭，顾不得自己吃饭的妈妈，只要坐在旁边对宝宝说："做得不错啊！"等等，也足够了。

啊呜　　啊呜

（宝宝闭嘴咀嚼的拟声词）

Q 不好好坐着吃饭，要追着喂。

A 吃饭时间和玩耍时间的区别，要从这一时期开始让宝宝知道。

等等！
坐下吃饭！

　　1岁前后，是宝宝最享受走来走去的时期，也是最难好好坐着的时候。但是，如果妈妈在后面追着，宝宝本身会觉得被人追很好玩，还会无法区分吃饭时间和玩耍时间。从这一时期开始，应当开始教孩子用餐的礼节。

　　在床上吃饭，很容易到处动，所以最好准备宝宝专用的餐椅，还要注意不要在餐桌上摆放玩具，以免分散注意力。如果怎么样都不肯好好吃饭，那就收拾碗筷停止吃饭也可以。不过，让宝宝能够一个人吃饭并养成良好的用餐礼仪，现在还有些早。就算是用手摆弄食物、把食物吃得满身都是，妈妈也应该充满耐心地去陪伴。

Q 不能很好地使用杯子喝水，可以继续用吸管杯吗？

A 使用小酒盅一点一点地慢慢练习。

　　这一时期并不是一定要用杯子喝水，但也是该练习用杯子喝水的时候了。使用吸管杯，容易喝得过多，并且因为不会洒，所以妈妈就会想要让孩子使用。但要注意，这样会影响宝宝舌头的发育。

　　最开始，可以选择小酒盅或小号杯子，倒一点点水，让宝宝只要低下头，把杯子贴在嘴上，就可以喝到。如果讨厌弄脏，刚开始时可以在浴缸里练习。妈妈拿着杯子对宝宝说"干杯"，宝宝可能会更愿意做。

Q 宝宝已经过了1岁，还是不愿意自己吃饭。

A 首先可以做一些蔬菜条、饭团等可以自己用手抓着吃的辅食。

　　宝宝不愿意自己吃饭的理由可能是：不知道吃饭的方法、对吃饭以外的事情更有兴趣、等着妈妈来喂、以前想要自己吃饭的时候妈妈生气了……这样的记忆留在脑海中。培养孩子自己吃饭的意识，最好的办法就是做用手抓着吃的食物。做一些煮软的蔬菜条或是面包，让宝宝自己拿着吃。或是妈妈把食材用叉子叉好，让宝宝自己拿着。首先要让宝宝从摆弄手里拿着的食物、把食物送到嘴里开始练习。妈妈要说"做得真好"来鼓励孩子，让孩子对食物更有兴趣。弄洒或是弄脏了的时候，不要生气，应当鼓励孩子，培养想要自己吃饭的意识。

幼儿饮食的添加方法

幼儿饮食的添加对于培养孩子饮食生活的基础非常重要。

要根据孩子的状况，慢慢地推进。

1岁半前后，开始幼儿饮食的添加比较合适

宝宝最开始从母乳、配方奶中获取主要的营养，然后慢慢地开始适应吃辅食。1岁前后，开始学会走路、玩耍，更加活跃，从辅食中获取的营养比例一点一点地增加。到了1岁半的时候，可以从1日3餐的辅食中获取足够的营养，也可以开始用杯子喝牛奶或配方奶。在吃的东西上，可以用门牙咬碎较软的食物，这个时候就可以开始添加幼儿饮食了。但是没有必要突然停止哺乳，或是一下子换成幼儿饮食。3餐之间让孩子吃母乳也没有关系，要根据孩子的状况来一点点地调整食材、食谱以及烹饪方法，让宝宝的饮食更进一步。

不要着急，慢慢地培养孩子对食物的兴趣和味觉

宝宝的饮食，在1岁半左右时，开始逐步从婴儿辅食向幼儿饮食过渡，之后一直到5岁这一段时间里，会慢慢地接近大人的饮食。幼儿饮食，对于培养健康的饮食生活、味觉、用餐礼仪等都是非常重要的时期。不要着急，在和孩子一起享受的同时，慢慢推进。

幼儿饮食的关键在于将"各种各样的食材"处理得"味道清淡"，"快乐地""自己"来吃饭。这一时期，如果习惯吃味道重的食物，味觉会变得迟钝，而且很难再接受清淡的食物。要注意利用食材本身的味道，烹饪时将食材处理得清淡。为了培养对食物的兴趣，让孩子自己吃饭也十分重要。在孩子有了自己吃饭时弄得乱七八糟的意识之后，可以让他们自己拿着勺子或叉子，自由地吃饭。能够自己吃饭之后，会不喜欢吃没吃惯的食物，出现挑食的现象。这种时候，可以在烹饪方法上做一些努力，比如将这样的食材切碎和其他食材混在一起做成汤，等等。另外，最重要的是和家人面对面地围坐在餐桌前，就算再忙，妈妈也要尽可能地和孩子一起坐在餐桌前，享受吃饭的时间。

可以开始幼儿饮食的标志

☐ 1日3餐、必需的营养从三
　 餐中获取

☐ 可以用门牙将食物咬碎，
　 用牙龈咀嚼

☐ 可以用杯子喝300～400ml
　 的牛奶或配方奶

有规律的生活节奏也是关键点

　　幼儿饮食阶段，不仅要让宝宝学会用勺子或叉子、很好地咀嚼等吃饭方法，还应让孩子学习"饮食生活"。早晨起床后吃早饭，然后玩耍，吃午饭后睡午觉，吃晚饭后睡觉，很好地养成这样简单的生活节奏，对于孩子身心健康的培养是不可欠缺的要素。就算会挑食，边玩边吃，或是不能很好地咬断食物也不要紧，首先要培养早、中、晚1日3次坐在餐桌前的这个习惯。

营养的均衡

前半阶段（婴儿辅食结束～3岁）

加餐 15%　　　三餐 85%

后半阶段（3～5岁左右）

加餐 20%　　　三餐 80%

加餐是"辅助食品"

　　一说到辅食，马上就会想到甜甜的点心，但幼儿时期的加餐基本上指的是"辅助食品"。要维系孩子的活动，需要相当于大人2～3倍的能量和营养。但是孩子的胃比较小，一餐无法满足大量的营养需求，这时就需要加餐来补充欠缺的营养。维生素的补充可以靠蔬菜、水果，能量的补充可以靠红薯或饭团。但是，没完没了、随随便便地吃是不可以的，加餐的时间要安排好。

时间表范例

　　三餐之间提供一些零食或饮品，但早、中、晚三餐是基本。还要视情况随机应变，比如睡午觉了，那么加餐可以只喝饮品。

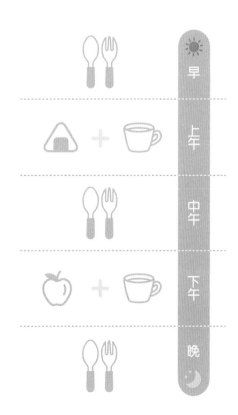

POINT 1 配合牙齿的生长情况和咀嚼能力

要配合牙齿的生长情况来选择食材和烹饪方法

　　幼儿饮食最早从1岁开始，最晚从1岁半开始，但并不是马上就能咬碎所有食物。这一时期，牙齿的面积很小，即使能够咬断食物，也不能咀嚼得很碎。因此，孩子可能会讨厌不能马上咽下、咀嚼起来费事的食物。比如很薄的卷心菜、煮得很软但皮会粘在嘴里的西红柿或豆子、有弹性的魔芋或蘑菇、会吸收唾液的煮鸡蛋或土豆、不容易在嘴里弄到一起的肉馅或西蓝花，等等，这些都是孩子在幼儿饮食前期不容易食用的食材。

　　牙齿长齐，可以很好地完成咀嚼，要到3岁左右。在这之前，要配合孩子牙齿的生长情况，来选择食材和烹饪方法，将食物处理得容易食用。

1岁	2岁	3岁
牙齿 第一乳磨牙和上下左右共8颗牙长出，牙齿上下开合可以完成"咬东西"。	**牙齿** 最里面的大牙（第二乳磨牙）长出，长出前，牙龈也会变硬，有一定咬碎食物的能力。	**牙齿** 乳牙（20颗）长齐，咬合能力发育完全。可以咀嚼、咬碎各种各样的食材。
硬度、形状 将食材做成可以用手抓着吃的条状或球状，或容易咬的扁平的形状。做成可以用门牙咬断，用大牙咀嚼的程度，煮过的食物的软硬程度比较合适。	**硬度、形状** 硬度、形状切成方便用勺子或叉子将食物拿起的形状。块可以稍微大一些，让孩子可以一口吃下并练习咀嚼，食物炒过之后的软硬程度比较合适。	**硬度、形状** 可以尝试切成细丝、薄片等各种各样的状态，筋和纤维多的食物要切得块小一些，硬度比大人吃的东西稍微软一些即可。

POINT 2 培养"自己吃饭"的意识

细嚼期左右~

2岁左右~

营造良好的环境，让宝宝感到"好开心！"

　　为了提高孩子对吃饭的兴趣，营造温馨的餐桌氛围非常重要。刚开始的时候，没有办法很好地吃饭，嘴的周围弄得脏兮兮的，围兜和桌子上也搞得一塌糊涂。但是要注意，如果这时一味地生气，训斥孩子，好不容易能够一起吃饭的时间就会失去意义。首先要肯定孩子有想要自己吃饭的意识。家人一起围坐在餐桌前，从同一个盘子中分食物吃，聊一聊饭菜的味道，让氛围变得热闹、和谐，孩子还能自然地学会吃饭的方法和用餐礼仪。多选择应季的食材，留意各种节日，营造快乐、温馨的用餐环境。

3岁左右~

饥饿感是最好的提升食欲的办法

让孩子感到肚子饿，也是让食物更美味、让吃饭更快乐的秘诀之一。如果随便地、不断地给孩子补充加餐，他们就不会感到饥饿，对吃饭的兴趣也不会增加。要安排好正餐和加餐的时间，中间的时间要充分地让孩子活动，让他们感受到肚子饿。

调味的轻重、食物的量应为大人的一半

发挥食材本身的味道，调味要清淡

幼儿期形成的味觉会一直影响到他们成人。一旦习惯了浓重的味道，就很难再适应清淡的味道，所以幼儿饮食应当清淡一些。调味的轻重约为大人的一半，要控制好盐分和糖分的量，充分发挥食材本身的香甜或鲜美的味道。将大人吃的东西分给孩子吃时，烹饪的过程中要换不同的锅，把味道处理得清淡一些，或是将没有调味的食物取出，稍微处理一下。

食物的量是大人的一半，基本为一汤两菜

1～2岁的孩子吃饭的量约为妈妈的一半，3岁的孩子吃饭的量约为妈妈的2/3。不要减少菜品的数目，而应调整每道菜的量，让营养更均衡。食谱设计基本上依照一汤两菜的标准，主食以米饭为主，也可以选择面包、面条等。主菜选择肉、鱼、鸡蛋、大豆制品等蛋白质来源的食品，副菜可以选择蔬菜、海藻类食品，来补充维生素、矿物质，还可以补充膳食纤维。钙含量丰富的黄绿色蔬菜、乳制品等用来作加餐是不错的选择。

幼儿饮食1天的食材的量

蛋白质来源（主菜）

牛奶·····················300 ~ 400ml
鸡蛋·····················30g（1/2个）
鱼贝类···················30 ~ 40g
肉类·····················30 ~ 40g
坚果·····················5g
大豆、豆制品 ·········30 ~ 40g

维生素、矿物质（副菜）

黄绿色蔬菜··············90g
浅色蔬菜················120 ~ 150g
菌类·····················5g
海藻类··················2 ~ 5g
果实类··················100 ~ 150g

能量来源（主食）

米饭·····················80 ~ 120g
乌冬面··················120 ~ 180g
面包·····················50 ~ 70g
薯类·····················40 ~ 60g
砂糖类 ················5g（2小茶匙少一点）
油脂类··················10 ~ 15g

挑食或边玩边吃，也都是发育过程中的一部分

孩子开始自己吃饭后，会出现不吃某些食物、挑食等问题。边玩边吃，吃饭时一直在摆弄食物也是妈妈的一大烦恼。不要勉强孩子吃不喜欢的食物，而应该尝试改变食物的切法或烹饪方法，把食物做成条形或球形，方便用手抓着吃，或是做成汤，和其他食材混在一起，等等。如果孩子吃饭时一直玩，不要非得坚持让孩子吃完，到了30分钟就停止吃饭，有张有弛，随机应变比较好。

用这些办法来克服！

改变食物的性质
让食物的色彩更丰富
暂时停止吃饭
家长吃饭给孩子作示范